LangChain 编程

从入门到实践

李多多(@莫尔索)—— 著

人民邮电出版社

北　京

图书在版编目（CIP）数据

LangChain编程：从入门到实践 / 李多多著. -- 北京 : 人民邮电出版社, 2024.4（2024.6重印）
（图灵原创）
ISBN 978-7-115-63942-4

Ⅰ. ①L… Ⅱ. ①李… Ⅲ. ①程序开发工具 Ⅳ. ①TP311.561

中国国家版本馆CIP数据核字(2024)第052929号

内 容 提 要

LangChain 为开发者提供了一套强大而灵活的工具，使其能够轻松构建和优化大模型应用。本书以简洁而实用的方式引导读者入门大模型应用开发，涵盖 LangChain 的核心概念、原理和高级特性，并为读者提供了在实际项目中应用 LangChain 的指导。

本书从实际的例子出发，细致解读 LangChain 框架的核心模块和源码，使抽象的概念变得具体。无论你是初学者还是有经验的开发者，都能从中受益，能够将 LangChain 的独特之处融入自己的编程实践中。阅读本书，一起探索 LangChain 编程的奇妙世界吧！

本书适合大模型应用开发初学者阅读。

◆ 著　　　李多多（@莫尔索）
　　责任编辑　王军花
　　责任印制　胡　南

◆ 人民邮电出版社出版发行　　北京市丰台区成寿寺路 11 号
　　邮编　100164　电子邮件　315@ptpress.com.cn
　　网址　https://www.ptpress.com.cn
　　固安县铭成印刷有限公司印刷

◆ 开本：800×1000　1/16
　　印张：12.5　　　　　　　2024 年 4 月第 1 版
　　字数：246 千字　　　　　2024 年 6 月河北第 3 次印刷

定价：69.80元

读者服务热线：(010)84084456-6009　印装质量热线：(010)81055316
反盗版热线：(010)81055315
广告经营许可证：京东市监广登字 20170147 号

2022 年 11 月 30 日，OpenAI 发布了 ChatGPT，短短一年间，它不仅成为科技领域的热门话题，更开启了新一轮技术革命。从最初的 GPT-3.5 模型到现在的 GPT-4 Turbo，OpenAI 的每一次技术迭代都拓展了我们对于人工智能可能性的想象边界：最开始，ChatGPT 仅能通过文字聊天和用户进行互动，现如今，它甚至能解说足球比赛视频。

文字是思想的载体。第一次看到 ChatGPT 的演示时，我就被其流畅自然的表达和丰富的想象力深深吸引。它与以往我接触的任何智能对话机器人都截然不同，仿佛具有自己的"思考"。我意识到一个全新的时代即将到来，作为一名程序员，我开始思考如何将自己的编程能力与 AI 结合起来，以驾驭这种能力。

当出版社的编辑老师第一次联系我，提出出版一本关于 LangChain 的图书的想法时，我感到既兴奋又忐忑，我的电子书原本只是在网络上分享个人学习经验，没想到会受到关注。其实我也只是一个比大家接触大模型应用开发稍微多一点的初学者，因为这个领域很新，所以我决定将自己学到的内容分享到网络上，希望能帮到有需要的朋友。去年以来，AI 技术日新月异，作为程序员，既要站在浪头紧跟技术趋势，也要脚踏实地，将自己的所学落实到具体的每一行代码，去身体力行地实践。LangChain 开发框架无疑是当下最好的载体，它定义了大模型时代应用开发的新范式，尽管后面出现了众多不论在架构设计上还是代码质量上都可圈可点的框架，但是在社区繁荣度、开发者参与度以及支持广泛性和兼容性上无出其右，而且 LangChain 本身也在不断进化。希望本书能够起到抛砖引玉的作用，带领大家步入 AI 应用开发世界，使读者们可以在各自的深耕领域利用 AI 大放异彩。

这是一本旨在帮助各层次读者理解并掌握使用 LangChain 框架开发大模型应用的入门书。本书提供了一条从基础到实践的 LangChain 编程学习路径，涵盖理论知识、示例和案例研究。通过阅读本书，读者将能够深入理解和掌握 LangChain 的主要概念和使用技能，并为进一步探索和利用 LangChain 开发实际大模型应用奠定基础。

本书从 LangChain 的基础知识开始，逐步深入复杂的应用开发实践，你将了解 LangChain 的产生背景、核心概念和模块、与其他框架的比较，并对模型输入与输出的处理、链的构建、记忆管理等高级特性进行探究。此外，本书还涵盖了检索增强生成、智能代理设计等前沿技术，以及构建多模态机器人、社区资源等实用主题。

最后，我要感谢人民邮电出版社图灵公司为本书出版辛勤工作的王老师以及其他编辑老师，也感激我的女友对于我忙于写作而无暇陪伴她的理解，还要感谢所有在写作过程中支持我、与我分享知识和经验的社区成员，希望本书能为大家带来知识、灵感和乐趣。

李多多（@莫尔索）

2024 年 1 月 1 日

目　录

第 1 章　LangChain 简介 ……………… 1

1.1　LangChain 的产生背景 …………… 1

1.1.1　大模型技术浪潮 ……………… 1

1.1.2　大模型时代的开发范式 ……… 5

1.1.3　LangChain 框架的爆火 ……… 6

1.2　LangChain 核心概念和模块 ……… 8

1.2.1　模型 I/O 模块 ………………… 9

1.2.2　检索模块 ……………………… 9

1.2.3　链模块 ………………………… 10

1.2.4　记忆模块 ……………………… 10

1.2.5　代理模块 ……………………… 11

1.2.6　回调模块 ……………………… 13

1.3　LangChain 与其他框架的比较 …… 13

1.3.1　框架介绍 ……………………… 14

1.3.2　框架比较 ……………………… 16

1.3.3　小结 …………………………… 17

第 2 章　LangChain 初体验 …………… 18

2.1　开发环境准备 ……………………… 18

2.1.1　管理工具安装 ………………… 18

2.1.2　源码安装 ……………………… 19

2.1.3　其他库安装 …………………… 19

2.2　快速开始 …………………………… 19

2.2.1　语言模型 ……………………… 20

2.2.2　提示模板 ……………………… 21

2.2.3　输出解析器 …………………… 22

2.2.4　使用 LCEL 进行组合 ………… 23

2.2.5　使用 LangSmith 进行观测 …… 26

2.2.6　使用 LangServe 提供服务 …… 26

2.3　最佳安全实践 ……………………… 29

第 3 章　模型输入与输出 ……………… 30

3.1　大模型原理解释 …………………… 30

3.1.1　为什么模型输出不可控 ……… 30

3.1.2　输入对输出的影响 …………… 31

3.2　提示模板组件 ……………………… 34

3.2.1　基础提示模板 ………………… 34

3.2.2　自定义提示模板 ……………… 36

3.2.3　使用 FewShotPromptTemplate … 37

3.2.4　示例选择器 …………………… 39

3.3　大模型接口 ………………………… 42

3.3.1　聊天模型 ……………………… 43

3.3.2　聊天模型提示词的构建 ……… 43

3.3.3　定制大模型接口 ……………… 46

3.3.4　扩展模型接口 ………………… 51

3.4　输出解析器 ………………………… 51

第 4 章 链的构建 ·············· 56

4.1 链的基本概念 ·············· 56

4.2 Runnable 对象接口探究 ········ 56

   4.2.1 schema ·············· 60

   4.2.2 invoke ·············· 61

   4.2.3 stream ·············· 62

   4.2.4 batch ·············· 63

   4.2.5 astream_log ·········· 65

4.3 LCEL 高级特性 ············ 66

   4.3.1 ConfigurableField ······ 66

   4.3.2 RunnableLambda ········ 67

   4.3.3 RunnableBranch ········ 67

   4.3.4 RunnablePassthrough ···· 68

   4.3.5 RunnableParallel ······ 68

   4.3.6 容错机制 ············ 69

4.4 Chain 接口 ·············· 70

   4.4.1 Chain 接口调用 ········ 70

   4.4.2 自定义 Chain 实现 ······ 71

   4.4.3 工具 Chain ·········· 73

4.5 专用 Chain ·············· 74

   4.5.1 对话场景 ············ 74

   4.5.2 基于文档问答场景 ······ 75

   4.5.3 数据库问答场景 ········ 75

   4.5.4 API 查询场景 ·········· 76

   4.5.5 文本总结场景 ·········· 76

第 5 章 RAG ·············· 77

5.1 RAG 技术概述 ············ 77

5.2 LangChain 中的 RAG 组件 ····· 80

   5.2.1 加载器 ·············· 80

   5.2.2 分割器 ·············· 81

   5.2.3 文本嵌入 ············ 86

   5.2.4 向量存储 ············ 91

   5.2.5 检索器 ·············· 95

   5.2.6 多文档联合检索 ········ 103

   5.2.7 RAG 技术的关键挑战 ····· 106

5.3 检索增强生成实践 ·········· 106

   5.3.1 文档预处理过程 ········ 106

   5.3.2 文档检索过程 ·········· 111

   5.3.3 方案优势 ············ 116

第 6 章 智能代理设计 ·········· 117

6.1 智能代理的概念 ············ 117

6.2 LangChain 中的代理 ········ 117

   6.2.1 LLM 驱动的智能代理 ····· 118

   6.2.2 LangChain 中的代理 ····· 121

   6.2.3 代理的类型 ·········· 125

   6.2.4 自定义代理工具 ········ 133

6.3 设计并实现一个多模态代理 ····· 136

第 7 章 记忆组件 ············ 139

7.1 构建记忆系统 ············ 140

7.2 记忆组件类型 ············ 141

   7.2.1 ConversationBufferMemory ···· 141

   7.2.2 ConversationBufferWindow-

       Memory ············ 142

   7.2.3 ConversationEntityMemory ···· 142

   7.2.4 ConversationKGMemory ···· 143

   7.2.5 VectorStoreRetriever-

       Memory ············ 144

   7.2.6 ConversationSummary-

       Memory ············ 145

   7.2.7 ConversationSummary-

       BufferMemory ········ 145

7.2.8 VectorStoreRetriever-
Memory ·················146
7.3 记忆组件的应用 ·················147
7.3.1 将记忆组件接入代理 ·········148
7.3.2 自定义记忆组件 ············149
7.3.3 不同记忆组件结合 ··········151
7.4 记忆组件实战 ···················152
7.4.1 方案说明 ·················153
7.4.2 代码实践 ·················153

第 8 章 回调机制 ·················159
8.1 回调处理器 ·····················159
8.2 使用回调的两种方式 ···········161
8.2.1 构造器回调 ···············161
8.2.2 请求回调 ·················161
8.3 实现可观测性插件 ·············162

第 9 章 构建多模态机器人 ·······165
9.1 需求思考与设计 ···············165
9.1.1 需求分析 ·················165
9.1.2 应用设计 ·················165
9.1.3 Slack 应用配置 ···········167
9.2 利用 LangChain 开发应用 ·····170
9.2.1 构建 Slack 事件接口 ·······171

9.2.2 消息处理框架 ············172
9.2.3 实现多模态代理 ··········174
9.3 应用监控和调优 ···············177
9.3.1 应用监控 ·················177
9.3.2 模型效果评估 ············178
9.3.3 模型备选服务 ············178
9.3.4 模型内容安全 ············179
9.3.5 应用部署 ·················179

第 10 章 社区和资源 ·············180
10.1 LangChain 社区介绍 ··········180
10.1.1 官方博客 ···············180
10.1.2 项目代码与文档 ·········180
10.1.3 社区贡献 ···············181
10.1.4 参与社区活动 ··········182
10.2 资源和工具推荐 ·············182
10.2.1 模板 ····················183
10.2.2 LangServe ··············184
10.2.3 LangSmith ··············186
10.2.4 教程用例 ···············189
10.3 LangChain 的未来展望 ·······189
10.3.1 生态系统概览 ··········191
10.3.2 变化与重构 ············191
10.3.3 发展计划 ···············191

## 第 1 章

LangChain 简介

本章我们从 LangChain 的产生背景、核心概念和模块，以及与其他框架的比较几个方面快速了解 LangChain。

1.1 LangChain 的产生背景

LangChain 的发展和大模型密切相关，所以必须先从大模型技术的发展谈起。

1.1.1 大模型技术浪潮

如果我问你，当下最热门的技术是什么？想必你会毫不犹豫地回答：人工智能大型语言模型（large language model，LLM，简称大模型）技术！但如果现在不是 2024 年而是 2013 年，你的回答还能这么坚定吗？

其实大模型的发展从 10 年前就开始初露端倪，特别在自然语言处理（natural language processing，NLP）领域，图 1-1 形象地展现了大模型的进化过程，下面简单回顾这些年重要的里程碑事件。

- word2vec（2013）：2013 年，谷歌推出 word2vec，一种从文本数据中学习单词嵌入（word embedding）的技术，它能够捕捉到单词之间的语义关系，并且在很多 NLP 任务中取得了显著效果。
- Seq2Seq 与注意力机制（2014~2015）：谷歌的 seq2seq（sequence-to-sequence）模型和注意力（attention）机制对机器翻译和其他序列生成任务产生了重要影响，提升了模型处理长序列数据的能力。

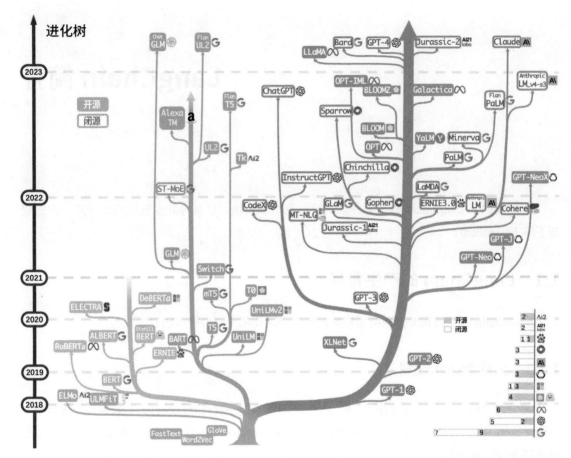

图 1-1　大模型进化树，来自论文 "Harnessing the Power of LLMs in Practice: A Survey on ChatGPT and Beyond"

- **Transformer 模型（2017）**：谷歌的论文 "Attention Is All You Need" 介绍了 Transformer 模型，这是一种全新的基于注意力机制的架构，并成为后来很多大模型的基础。

- **BERT（2018）**：谷歌的 BERT（Bidirectional Encoder Representations from Transformers）模型采用了 Transformer 架构，并通过双向上下文来理解单词的意义，大幅提高了语言理解的准确性，并在多个 NLP 任务上取得了当时的最优结果。

- **T5（2019）**：谷歌的 T5（Text-to-Text Transfer Transformer）模型把不同的 NLP 任务，如分类、相似度计算等，都统一到一个文本到文本的框架里进行解决，这样的设计使得单一模型能够处理翻译、摘要和问答等多种任务。

❑ GPT-3（2020）：OpenAI 进一步推出了 GPT-3（Generative Pre-trained Transformer 3），这是一个拥有 1750 亿参数的巨型模型，它在很多 NLP 任务上无须进行特定训练即可达到很好的效果，显示出令人惊叹的零样本（zero-shot）和小样本（few-shot）学习能力。

这些技术创新不仅推动了自然语言处理领域的快速发展，也极大地影响了人们与计算机的交互方式，并促进了自动翻译服务的普及和智能助手等应用的兴起。伴随着技术不断迭代，可以预见，未来出现更强大、更智能的语言模型可以说是必然的趋势。2022 年 11 月 ChatGPT 横空出世，**生成式人工智能**（generative artificial intelligence，generative AI）和大模型产业迎来大爆发，让人们看到了实现通用人工智能（artificial general intelligence，AGI）的希望，整个行业开始经历前所未有的快速变革，全球知名高校和顶尖科技公司纷纷加大对该领域的科研和投资力度。下面通过对重大事件的叙述，一同感受这场席卷全球、日新月异的科技革命浪潮。

❑ 2022 年 11 月 30 日，OpenAI 发布了基于 GPT-3.5 模型调优的新一代对话式 AI 模型 ChatGPT。该模型能够自然地进行多轮对话，精确地回答问题，并能生成编程代码、电子邮件、学术论文和小说等多种文本。

❑ 2023 年 2 月 24 日，Meta 开源了新模型 LLaMA，其性能超越了 OpenAI 的 GPT-3，标志着 AI 领域的竞争进一步加剧。

❑ 2023 年 3 月 14 日，OpenAI 推出了多模态模型 GPT-4，其回答准确度较 GPT-3.5 提升了 40%，在众多领域的测试中超越了大部分人类的水平，展示了 AI 在理解复杂任务方面的巨大潜力。

❑ 2023 年 3 月 31 日，加州大学伯克利分校联合 CMU、斯坦福、UCSD 和 MBZUAI 推出了开源模型 Vicuna-13B。这个拥有 130 亿参数的模型仅需 300 美元的训练成本，为 AI 领域带来了成本效益上的重大突破。

❑ 2023 年 5 月 10 日，谷歌在年度开发者大会 Google I/O 上，推出了支持对话导出、编码生成以及新增视觉搜索和图像生成功能的 PaLM 2 AI 语言模型，进一步扩展了 AI 的应用范围。

❑ 2023 年 7 月 12 日，Anthropic 发布了新型 AI Claude 2，它支持多达 100k token（4 万至 5 万个汉字）的上下文处理，在安全性和编码、数学及推理方面表现出色，提升了 AI 在处理长文本和复杂问题方面的能力。

❑ 2023 年 7 月 19 日，Meta 推出了包含 70 亿、130 亿、700 亿参数版本的 LLaMA 2，其性能赶上了 GPT-3.5，显示了 AI 模型在不同规模下的多样性和适应性。

  国内从业者和企业的参与热情同样高涨，纷纷宣布加入大模型竞赛并推出新产品。从 2023 年 3 月至今，几乎每个月都有企业推出自己的大模型产品，读者通过如图 1-2 所示的时间线可以体会到行业热度之高。

图 1-2 国内大模型"军备竞赛"

- 2023 年 3 月 14 日，清华大学 KEG 实验室与智图 AI 开源了中英双语对话模型 ChatGLM-6B，它可以在单块消费级显卡上使用。

- 2023 年 3 月 16 日，百度发布类 ChatGPT 产品"文心一言"，它在文学创作、文案撰写和逻辑推理等方面表现出色且性能持续提升。
- 2023 年 4 月 11 日，阿里在阿里云峰会上推出大模型"通义千问"。
- 2023 年 5 月 6 日，科大讯飞推出"讯飞星火认知大模型"并进行了现场演示。
- 2023 年 6 月 19 日，腾讯宣布大模型研发进展，并向客户提供 model-as-a-service（MaaS），协助客户构建专属 AI 模型与应用。
- 2023 年 7 月 7 日，华为在开发者大会上发布大模型——华为云盘古大模型 3.0。

在这个快速发展的人工智能时代，大模型已成为众多企业战略布局的核心。软件开发工程师正处于历史转折点，必须及时适应这种变革，并掌握以大模型为中心的开发新范式，以确保在未来的竞争中占据有利地位。

大模型的崛起正在重塑软件开发的前景，开发者需要面对被淘汰的风险，同时也迎来转型的机遇。在 2023 年的世界人工智能大会上，科技部新一代人工智能发展研究中心发布的《中国人工智能大模型地图研究报告》揭示了国内在大模型领域建立的理论和技术体系，及其在全球范围内的竞争地位。报告指出，通用大模型的快速发展，正在将 AI 应用从传统的办公、生活、娱乐扩展到医疗、工业、教育等更多关键领域。微软首席执行官纳德拉的观点"所有产品都应考虑融入 AI"，进一步强调了智能化的趋势。随着智能化时代的到来，AI 的力量将渗透到每一个行业，如何有效地将大模型技术融入具体的应用中，以充分发挥其在工作和生活中的潜能，这是我们当前面临的实际挑战。

1.1.2　大模型时代的开发范式

随着大模型的崛起，软件开发范式正经历一场革命性的变革。这些先进的 AI 模型不仅能够理解和生成自然语言，还具备编写和理解代码的能力，这极大地推动了软件开发向更高效、更智能的方向发展。在这个时代，开发者的角色正在发生显著转变：从传统的代码编写者转变为 AI 的协作者和指导者，负责确保 AI 生成的代码符合特定的业务需求和性能标准。

为了适应这一变革，开发者需要深入理解编程语言的核心概念，并掌握与大模型有效交互的技巧。这包括学习如何清晰地描述任务，以及如何从模型生成的代码中筛选和优化出最佳解决方案。同时，开发者需要熟悉机器学习和自然语言处理的基本原理，以便更好地利用大模型的潜力。在应用开发领域，大模型的潜在价值主要体现在以下几个方面。

- □ **代码自动生成与优化**：大模型可以协助开发者生成代码框架，甚至完成复杂的编程任务，提升开发效率。它通过分析大量代码库，提供代码质量改进建议，帮助发现错误和性能瓶颈。
- □ **个性化软件开发**：大模型根据用户需求和偏好定制软件解决方案，使产品更符合市场和个人需求。
- □ **知识整合与迁移**：大模型可以整合跨领域知识，实现迁移学习，促进跨领域应用开发。例如，将医疗数据转化为对医生和患者有价值的信息。
- □ **自然语言与其他语言的转换**：大模型将自然语言查询转换为特定领域的脚本语言（如 SQL），简化数据库操作、图表生成和 UI 设计，为非技术用户提供便利。
- □ **教育与培训**：大模型可以根据用户的学习进度和风格定制教材和练习，提供个性化的学习体验。在软件开发领域，它们可以成为新手的教练，通过实时反馈加速学习过程。
- □ **增强人机交互**：大模型使应用程序能以自然的方式与用户交流，提供人性化的交互体验，不仅限于文字，还包括语音和视觉等。

开发者可以通过以下策略挖掘大模型的潜力。

- □ 使用不同的提示词（prompt）与大模型交互，生成代码片段或架构设计。
- □ 将大模型集成到开发流程中，自动化代码审查、bug 修复建议和文档编写等任务。
- □ 与数据科学家和 AI 研究者合作，优化大模型应用，定制模型解决复杂问题。

随着大模型技术的发展，开发者需不断学习新工具和方法，理解模型更新对系统的影响，并调整开发策略。

本书介绍的 LangChain 框架与大模型时代的开发范式紧密相关，它简化了大模型的集成过程，提供了一种新的 AI 应用构建方式，允许开发者快速集成 GPT-3.5 等模型，增强应用程序功能。

1.1.3　LangChain 框架的爆火

LangChain 作为开源项目首次进入公众视野是在 2022 年 10 月，这个项目很快在 GitHub [①] 上获得大量关注（如图 1-3 所示），进而转变成一家迅速崛起的初创企业，LangChain 作者 Harrison Chase 也自然成为这家初创企业的 CEO。尽管 LangChain 在早期没有产生收入，也没有明确的商业化计划，却在短时间内获得 1000 万美元的种子轮融资，紧接着又获得 2000 万美元～2500 万

---

① GitHub 是世界上最大的在线软件源代码托管服务平台，支持代码版本控制和开发者协作。

美元的 A 轮融资，估值约为 2 亿美元，LangChain 的快速崛起和获得的资本支持，表明了 AI 领域对于创新工具和平台的迫切需求，以及对于能够推动 AI 技术应用和开发的工具的高度认可。

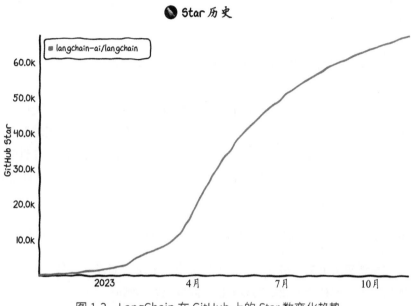

图 1-3　LangChain 在 GitHub 上的 Star 数变化趋势

　　LangChain 作为一种大模型应用开发框架，针对当前 AI 应用开发中的一些关键挑战提供了有效的解决方案，概述如下。

- ❑ **数据时效性**：GPT-3.5 等模型的训练数据截止于 2021 年 9 月，LangChain 可以通过集成外部知识库和向量数据库，允许开发者将最新的数据和信息注入模型中，从而提高应用的时效性。
- ❑ **token 数量限制**：LangChain 通过优化提示词和链的管理，帮助开发者突破模型 token 数量限制，例如通过分块处理长文档，或者使用特定的提示模板来引导模型生成更有效的输出。
- ❑ **网络连接限制**：尽管 GPT-3.5 本身无法联网查询，但 LangChain 可以作为中间件，帮助开发者将模型与实时数据源连接起来，例如通过 API 调用获取最新的信息，然后将这些信息作为输入传递给模型。
- ❑ **数据源整合限制**：LangChain 支持与多种数据源的整合，包括私有数据库、API 和其他第三方工具，这使得开发者能够构建更加灵活和多样化的应用，充分利用不同数据源的优势。

LangChain 的这些特性不仅提高了开发者的工作效率,还促进了产品的快速迭代和创新。通过降低基础架构搭建的复杂性,LangChain 让开发者能够专注于核心业务逻辑和用户体验的优化。此外,LangChain 的多语言支持和社区贡献,进一步证明了其作为一个开源代码项目的活力和包容性,吸引了更广泛的开发者参与和贡献。

1.2 LangChain 核心概念和模块

经过一年多的发展,截至 2023 年 11 月,LangChain 已经成长为一个庞大且复杂的代码库。对于新手来说,从头开始阅读和分析源码可能有些困难,尤其是在大模型领域概念不断更新的情况下。因此,建议你结合本书的思路,跟我一起理解 LangChain 核心的设计哲学。你可以根据自己的兴趣和需求,选择一个特定的组件或功能进行学习,快速上手开发出自己的第一个 AI 应用。首先,一起看看 LangChain 官方的阐述,后续内容都围绕这个展开。

LangChain 是一个专为开发大模型驱动的应用而设计的框架,它赋予应用程序以下特性。

- ❑ **能够理解和适应上下文**:将大模型与各种上下文信息(如提示指令、小样本示例、外挂知识库内容等)相结合,使之能够根据不同情境做出响应。
- ❑ **具备推理能力**:依靠大模型进行推理分析,以决定如何基于提供的上下文信息做出回答或采取相应行动。

LangChain 的核心优势包括两个方面。

- ❑ **组件化**:提供一系列工具和集成模块,既可单独使用,也可与 LangChain 框架其他部分结合,提高与大模型协作的效率和灵活性。
- ❑ **现成的链**:内置多个组件组合,专为处理复杂任务设计,提供即插即用的高级功能。

现成的链使得入门变得容易,对于更复杂的应用程序和用例,组件化使得定制现有链或构建新链变得更简单。

LangChain 通过组件化和现成的链,降低了使用大模型构建应用的门槛,可以适应广泛的应用场景。得益于最初设计中足够的抽象层次,LangChain 能够与大模型应用形态的演进保持同步。应用形态的总体迭代过程概述如下。

(1) 入门阶段:构建以单一提示词为中心的应用程序。

(2) **进阶阶段**：通过组合一系列提示词创建更复杂的应用。

(3) **发展阶段**：开发由大模型驱动的智能代理（agent）应用。

(4) **探索阶段**：实现多个智能代理协同工作，以应对高度复杂的应用场景。

得益于 LangChain 社区的活跃和开发者的积极贡献，新特性和创新不断丰富着 LangChain 的组件库。对于初次接触大模型应用开发的人，LangChain 提供了一条逐步深入的学习路径，帮助他们快速上手。

LangChain 使用以下 6 种核心模块提供标准化、可扩展的接口和外部集成，分别是模型 I/O（Model I/O）模块、检索（Retrieval）模块、链（Chain）模块、记忆（Memory）模块、代理（Agent）模块和回调（Callback）模块。这些模块从简单到复杂依次排列，确保开发者能够根据自身的进度和需要灵活地使用 LangChain。

1.2.1 模型 I/O 模块

模型 I/O 模块主要与大模型交互相关，由三个部分组成：提示词管理部分用于模板化、动态选择和管理模型输入；语言模型部分通过通用接口调用大模型；输出解析器则负责从模型输出中提取信息。这个模块的高效运作为 LangChain 的其他模块提供了坚实的基础，确保了整个框架的流畅运行。接下来，我们将探索如何通过检索模块进一步增强模型输出的相关性和准确性。

1.2.2 检索模块

LangChain 提供了一个**检索增强生成**（retrieval-augmented generation，RAG）模块，它从外部检索用户特定数据并将其整合到大模型中，包括超过 100 种文档加载器，可以从各种数据源（如私有数据库、公共网站以及企业知识库等）加载不同格式（HTML、PDF、Word、Excel、图像等）的文档。此外，为了提取文档的相关部分，文档转换器引擎可以将大文档分割成小块。检索模块提供了多种算法和针对特定文档类型的优化逻辑。

此外，文本嵌入模型也是检索过程的关键组成部分，它们可以捕捉文本的语义从而快速找到相似的文本。检索模块集成了多种类型的嵌入模型，并提供标准接口以简化模型间的切换。

为了高效存储和搜索嵌入向量，检索模块与超过 50 种向量存储引擎集成，既支持开源的本地向量数据库，也可以接入云厂商托管的私有数据库。开发者可以根据需要，通过标准接口灵活地在不同的向量存储之间切换。

　　检索模块扩展了 LangChain 的功能，允许从外部数据源中提取并整合信息，增强了语言模型的回答能力。这种增强生成的能力为链模块中的复杂应用场景提供了支持，下一节将介绍链模块是如何利用这些信息的。

1.2.3　链模块

　　链定义为对一系列组件的组合调用。我们既可以在处理简单应用时单独使用链，也可以在处理复杂应用时将多个链和其他组件组合起来进行链式连接。LangChain 提供了两种方式来实现链：早期的 Chain 编程接口和最新的 LangChain 表达式语言（LangChain expression language，LCEL）。前者是一种命令式编程，后者是一种声明式编程，著名的 Kubernetes 项目采用的也是声明式 API。官方推荐使用 LCEL 的方式构建链。LCEL 的核心优势在于提供了直观的语法，并支持流式传输、异步调用、批处理、并行化、重试和追踪等特性。值得注意的是，通过 Chain 编程接口构建的链也可以被 LCEL 使用，两者并非完全互斥。

　　链模块代表了 LangChain 中组件调用的核心，它不仅可以将模型 I/O 模块和检索模块的能力结合起来，还可以构建出更加复杂的业务逻辑。链的灵活性为记忆模块的引入提供了理想的衔接点，使得应用能够维持状态。接下来，我们将探讨如何利用记忆模块来管理 AI 应用的记忆。

1.2.4　记忆模块

　　记忆模块用于保存应用运行期间的信息，以维持应用的状态。这个需求主要源自大多数大模型应用有一个聊天界面，而聊天对话的一个基本特点是应用能够读取历史互动信息。因此，设计一个对话系统时，它至少应该能够具备直接访问过去一段消息的能力，这种能力称为"记忆"。LangChain 提供了很多工具来为系统添加记忆功能，这些工具可以独立使用，也可以无缝整合到一条链中。

　　典型的记忆系统需要支持两个基本动作：**读取**和**写入**。每条链都定义了一些核心的执行逻辑，并期望特定的输入，其中一些输入直接来自用户，但也有一些输入可能来自记忆。链在运行过程中，通常需要与记忆系统互动两次：第一次是在接收到初始用户输入但在执行核心逻辑之前，链将从其记忆系统中读取信息，用于增强用户输入；第二次是在执行核心逻辑之后、返回答案之前，链将把当前运行的输入和输出写入记忆系统，以便在未来的运行中可以参考。交互过程如图 1-4 所示。

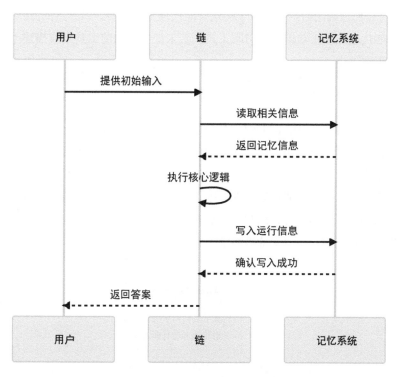

图 1-4　链与记忆系统的交互

　　链模块定义了如何调用各种组件，记忆模块则确保这些操作可以在需要时回顾之前的信息。这个能力对于接下来要介绍的代理模块至关重要，因为代理需要记忆来做出更加智能的决策。

1.2.5　代理模块

　　代理的核心思想是使用大模型来选择一系列要采取的行动。在链模块中，一系列调用是完全硬编码在代码中的。而在代理模块中，使用大模型作为推理引擎来决定采取何种行动以及行动的顺序。代理模块包含 4 个关键组件，它们之间的交互关系如图 1-5 所示。

　　□ Agent：通过大模型和提示词来决定下一步操作的决策组件。这个组件的输入包括可用工具列表、用户输入以及之前执行的步骤（中间步骤）。基于这些输入信息，Agent 组件会产生下一步的操作或是向用户发送最终响应，不同的 Agent 组件有不同的推理引导方式、输入和输出解析方法。Agent 组件的类型多样，有结构化输入代理、零提示 ReAct 代理、自问搜索式代理、OpenAI functions 代理等，这部分内容会在第 6 章中详细展开。

- ❑ **Tool**：这是代理调用的函数，对于构建智能代理至关重要。以合适的方式描述这些工具，确保智能代理能够正常识别并访问工具。若未提供正确的工具集或描述不当，智能代理将无法正常工作。
- ❑ **Tookit**：LangChain 提供了一系列工具包，以帮助开发者实现特定的目标。一个工具包中包含 3~5 个工具。
- ❑ **AgentExecutor**：这是代理的运行时环境，负责调用代理并执行其选择的动作。其工作流程是：获取下一个动作，然后在该动作不是结束标志时，执行该动作并根据结果获取下一个动作，直至返回最终动作。这个过程虽然表面上看起来很简单，但执行器封装了多种复杂情况，比如智能代理选取了不存在的工具、调用的工具出错以及代理输出的结果无法解析为工具调用等，同时还负责在各个层面（代理决策、工具调用）进行日志记录和提供可观测性支持，支持最终输出到终端或指定文件。

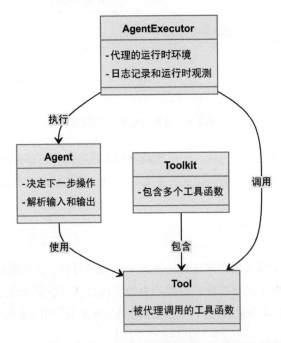

图 1-5 Agent、Tool、Toolkit 和 AgentExecutor 之间的关系

记忆模块为代理模块提供了必要的背景信息，代理模块则使用这些信息来决定下一步的最佳行动。代理的灵活性和智能化为 LangChain 的应用开发提供了新的维度。随着代理在应用中的行为愈加复杂，回调模块的重要性逐渐凸显，它为代理提供了在运行时捕获程序执行状态的能力。

1.2.6　回调模块

回调用于在特定操作（如 API 请求）发生时执行预定的处理程序，例如链、工具、代理等
的构造和请求时，都可以指定回调来执行预定程序。回调有两种实现方式：**构造器回调**适用于
跨越整个对象生命周期的操作，如日志记录或监视，而不是特定于单个请求；**请求回调**适用于
需要针对单个请求进行特别处理的场景，如将请求的输出实时传输到 WebSocket 连接。

回调模块为 LangChain 提供了高度的互动性和自定义响应能力，无论是在应用构建过程中
记录日志，还是处理实时数据流，皆可胜任。这为整个 LangChain 提供了一个可编程的反馈循
环，使得每个模块都能在适当的时候发挥作用，共同打造出一个高效、智能的大模型应用。

在 LangChain 的组件系统中，各个模块相互协作，共同构建复杂的大模型应用。**模型 I/O
模块**确保与语言模型高效交互，包括输入提示管理和输出解析。**检索模块**补充了这一流程，为
生成过程提供必要的外部知识，提高了模型的响应质量。紧随其后的**链模块**，通过定义一系列
组件调用，将模型 I/O 模块和检索模块的功能串联起来，实现特定的业务逻辑。**记忆模块**为链
提供了记忆功能，以维持应用的状态，并且在整个应用运行期间管理信息流。**代理模块**进一步
增强了 LangChain 的灵活性，通过智能代理动态地决定行动的序列，这些代理利用了前述所有
模块的能力。最后，**回调模块**以其全局和请求级别的自定义处理逻辑，为开发者构建应用提供
了细粒度的控制和响应能力。正是这些能力的结合，LangChain 的真正潜力得以释放，使开发者
能够构建出响应迅速、高度定制的 AI 应用。

1.3　LangChain 与其他框架的比较

既然 LangChain 的能力这么强，那是不是会有其他相似的框架来和它争抢开发者呢？答案
显然是肯定的。在目前的业界共识中，基于大模型的业务主要分为三个层次。

- ❑ **基础设施层**：这一层次专注于构建和提供大模型的底层架构。这通常包括大规模的数据
  处理和存储能力、用于模型训练的计算资源，以及提供模型即服务（MaaS）的 API，目
  标是提供稳定、可扩展且性能优越的语言模型服务。
- ❑ **垂直领域层**：在基础设施层之上，垂直领域层使用领域特定数据对模型进行微调，使其
  在特定垂直市场或行业（如医疗、法律、金融等）中的表现更精确和有效。微调可以帮
  助模型更好地理解和生成与特定领域相关的语言和概念。

❑ **应用层**：在此层次中，开发者和公司构建具体的面向用户的产品和服务。这些应用将大模型的能力转化为用户可以直接与之交互的工具和平台，比如聊天机器人、内容生成工具、自动编程助手等。应用层的重点在于用户体验和接口设计，使非技术用户也能轻松利用大模型的能力。

LangChain 等工具旨在简化这些层次的集成，帮助开发者快速开发和部署基于大模型的应用。它们提供了预建组件、模板和接口，以加速从概念验证到生产部署的过程。这种框架的实用性在于减少开发时间和降低技术门槛，因此市场上的竞争日益激烈。

接下来，我们将简要介绍一些在社区和生态方面表现良好的开发框架，并与 LangChain 进行比较。

1.3.1　框架介绍

这些框架中最具竞争力的当属 Semantic Kernel、LlamaIndex 和 AutoGPT，其中 Semantic Kernel 是微软开发的轻量级开源 SDK，结合传统编程语言与大模型（如 GPT-3.5），简化 AI 服务集成，优化资源管理，支持上下文管理和外部系统集成；而 LlamaIndex 是用于将大模型与外部数据连接的工具，支持数据提取、索引构建和查询，可提高 LLM 回答特定领域问题的精度，简化数据处理和应用框架集成；AutoGPT 是依托 GPT-3.5 等大模型自动执行多步骤任务的框架，用户定义目标后，它能自动完成信息检索、文本生成和 API 调用等操作，适用于内容创作、数据分析等自然语言处理任务。

● **Semantic Kernel**

Semantic Kernel（语义内核，后简称 SK）是微软设计的一款轻量、开源的软件开发工具包（SDK）。作为一种新型编程模型，它旨在将大模型的功能无缝集成到应用程序中。SK 使得开发人员能够将传统编程语言（如 C# 和 Python）与强大的大模型（如 GPT-3.5）相结合。

对企业而言，采用 SK 不仅简化了 AI 服务的集成过程，还优化了资源管理，可以隐藏复杂的用户交互。它提供了有效的上下文管理功能，能够灵活地与外部系统集成，并且集成了嵌入式记忆功能，从而提高了人工智能的可访问性和成本效益。若无 SK，企业可能需要独立处理复杂的 AI 交互，这不仅耗费时间，还会占用大量开发资源。

SK 的诞生代表着软件工程领域的一种范式转变，它所带来的变化有点类似于编程语言从注重语法结构转向强调语义理解的演变。通过提供简洁的 API，SK 极大地简化了大模型的应用，使得使用自然语言与 AI 交互变得流畅自然。

为了更深入地理解 SK 的组成和功能，可以将其关键组件与 LangChain 进行对比，表 1-1 说明了这两个框架中相应组件的功能和相互之间的对应关系，为开发者使用框架提供参考。

表 1-1　一些关键组件对应关系

LangChain	SK	备　注
Chain	Kernel	构造调用序列
Agent	Planner	自动规划任务以满足用户的需求
Tool	Plugin (semantic function + native function)	可在不同应用之间重复使用的自定义组件
Memory	Memory	将上下文和嵌入存储在内存或其他存储中

- **LlamaIndex**

LlamaIndex，原名 GPT Index，是一个用于为大模型连接外部数据的工具。它可以通过查询、检索的方式挖掘外部数据，并将其传递给大模型，从而让大模型得到更多的信息，LlamaIndex 主要由三部分组成：数据连接、索引构建和查询接口，它的主要目标是提高 LLM 对特定领域问题的回答精度。通过提供一系列关键工具，LlamaIndex 极大简化了数据提取、结构化、检索以及与各种应用框架的集成工作。

- ❑ 利用数据连接器（Llama Hub）提取不同数据源、不同格式的数据。
- ❑ 支持各种文档操作，包括插入、删除和更新文档，使文档管理更加高效。
- ❑ 支持对异构数据和多文档的合成处理，提升数据处理的灵活性。
- ❑ 使用"路由器"功能在不同的查询引擎之间进行选择，优化查询处理流程。
- ❑ 通过文本嵌入技术提升输出结果的质量，增强模型的预测能力。
- ❑ 提供与多种向量存储、ChatGPT 插件以及 LangChain 等的广泛集成。
- ❑ 支持最新的 OpenAI 函数调用 API，使得与大模型交互更为便捷。

- **AutoGPT**

AutoGPT 最初是一个试验性项目，依托强大的大模型（如 GPT-3.5）来自动执行多步骤任务。用户只需设定目标，AutoGPT 即可自动操控各类应用程序和服务来实现这些目标。

例如，你希望 AutoGPT 协助扩展电商业务，它能够规划出一套市场营销策略，并帮助你搭建一个基本网站。AutoGPT 的应用范围广，能够处理从代码调试到商业计划制订等各种任务。

目前，AutoGPT 已经发展成为一个功能强大的自动化任务框架。它利用大模型处理复杂的多步骤工作流程，用户只需输入简单的指令即可定义任务的目标和步骤。随后，AutoGPT 将自动完成所需的操作，包括信息检索、文本生成以及其他 API 调用等。这一框架尤其适用于需要理解自然语言和生成文本的自动化任务，例如内容创作、数据分析和在线互动。它允许开发者根据特定需求自定义和扩展功能。尽管 AutoGPT 仍在不断进化，但目前还有一些局限性。

1.3.2 框架比较

表 1-2 通过 GitHub 上的贡献者数量、引用数以及 Star 数（如图 1-6 所示）这三项数据，以及编程语言兼容性，对 4 种框架进行了简单比较。

- □ LangChain 显然是这一组中社区最活跃的框架，拥有最多的贡献者和较高的引用数。它的 Star 数也相当高，这表明它在开发者中广受欢迎并具有较高的认可度。
- □ SK 贡献者数量相对较少，是一个新兴框架，相对较少的 Star 数意味着它的社区影响力和知名度不如 LangChain，没有获取到引用数信息，但是在编程语言支持方面比较优秀，可以覆盖更多的开发者群体。
- □ LlamaIndex 虽然在贡献者数量上不及 LangChain，但社区活跃度很高，并且可以直接作为 LangChain 的检索模块使用，是开源社区中最有影响力的检索增强生成引擎。
- □ AutoGPT 在 Star 数方面远超其他框架，这个项目在验证大模型驱动的智能代理概念方面引起了极大的关注，其独特的功能和应用前景吸引了大量有兴趣的潜在开发者。

表 1-2　LangChain、SK、LlamaIndex 和 AutoGPT 相关数据比较

框架名称	编程语言	贡献者数量	引用数	Star 数
LangChain	Python/JavaScript	1804	36.2k	67.8k
SK	C#/Python/Java	188	-	14.3k
LlamaIndex	Python	449	2.8k	23.5k
AutoGPT	Python	692	-	153k

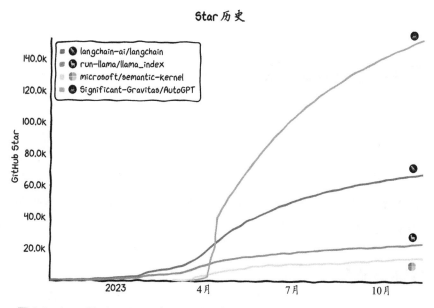

图 1-6　LangChain、SK、LlamaIndex 和 AutoGPT 在 GitHub 上的 Star 数变化

1.3.3　小结

首先，LangChain 拥有一个活跃的社区，汇集了众多贡献者。这不仅意味着框架经过了广泛的社区验证，而且确保了开发者在构建和优化应用时能够获得及时的帮助和建议。一个繁荣的社区是开源项目成功的关键，它促进了知识共享和技术创新。

其次，LangChain 在市场上的应用非常广泛，超过 3 万的引用数证明了其实用性和流行度。这表明它已经被众多项目和应用采用，新开发者可以信赖其稳定性和成熟度。

最后，LangChain 支持 Python 和 JavaScript，这两种编程语言的广泛应用使得 LangChain 具有极高的适应性，进一步提升了其在开发者中的受欢迎程度。

凭借强大的社区支持、高市场认可度以及对开发者友好的特性，LangChain 成为了构建大模型应用的首选。选择 LangChain，开发者将能够高效地开发出稳定、可靠的 AI 应用，并享受社区的全方位支持。

本章对 LangChain 的介绍到此结束，我们已经对其背景有了充分了解。下一章，我们将正式进入实践环节，探索如何利用 LangChain 构建实际应用。

## 第 2 章

LangChain 初体验

LangChain 究竟有多好用呢？本章将通过几个简单例子带领大家快速上手，体会使用 LangChain 开发大模型应用的便捷性。

2.1 开发环境准备

了解了 LangChain 的背景知识之后，是时候动手准备 LangChain 的开发环境了。本书的示例将使用 Python 版本的 LangChain 进行演示，请确保你的计算机已安装 Python 3.9 及以上版本。

2.1.1 管理工具安装

首先安装 LangChain 和必要的管理工具，这是构建开发环境的第一步。本节将引导你安装 LangChain 及附加组件，为后续的实践操作做好准备。

最简单的安装方式是直接使用 pip（Python 的包管理工具），如下所示：

```
pip install langchain
```

另一个选择是使用 Conda，一个用于安装和管理跨平台软件包的工具：

```
conda install langchain -c conda-forge
```

如果你想研究和测试 LangChain 的一些实验性代码，则可以安装 langchain-experimental：

```
pip install langchain-experimental
```

2.1.2　源码安装

若想探索 LangChain 的最新开发版本，可以从 GitHub 下载源码进行安装：

```
git clone https://github.com/langchain-ai/langchain.git
cd langchain
pip install -e .
```

2.1.3　其他库安装

LangChain 还推出了 LLM 应用托管服务 LangServe 和 LLM 应用监控服务 LangSmith。

LangServe 用于一键部署 LangChain 应用：

```
pip install langchain-cli
```

LangSmith 则用于调试和监控，默认包含在 LangChain 安装包中，如需单独使用，请使用下面的命令安装：

```
pip install langsmith
```

这些工具的使用细节将在后续章节中详细介绍。此外，本书示例将使用 OpenAI 的 GPT-3.5 模型，因此需要安装 OpenAI SDK：

```
pip install openai
```

最后，为了支持与多种外部资源的集成，需要安装 python-dotenv 来管理访问密钥：

```
pip install python-dotenv
```

至此，我们已经安装了所有必需的工具和组件，下一步将开始 LangChain 应用开发实践。

2.2　快速开始

搭建好开发环境后，进入 LangChain 的实际应用开发，这里从构建一个简单的 LLM 应用开始。

LangChain 为构建 LLM 应用提供了多种模块，这些模块既可以在简单应用中独立使用，也可以通过 LCEL 进行复杂的组合。LCEL 定义了统一的可执行接口，让许多模块能够在组件之间无缝链接。

一条简单而常见的处理链通常包含以下三个要素。

- **语言模型**（LLM/ChatModel）：作为核心推理引擎，语言模型负责理解输入并生成输出。要有效地使用 LangChain，需要了解不同类型的语言模型及其操作方式。
- **提示模板**（prompt template）：提示模板为语言模型提供具体的指令，指导其生成期望的输出。正确配置提示模板可以显著提升模型的响应质量。
- **输出解析器**（output parser）：输出解析器将语言模型的原始响应转换成更易于理解和处理的格式，以便后续步骤可以更有效地利用这些信息。

下面将简单介绍这三个组件以及如何将它们组合在一起，理解这些概念对于高效地使用和定制 LangChain 应用非常有帮助。大多数 LangChain 应用允许自定义配置模型或提示模板，掌握如何利用这些配置将显著增强你的应用的能力。

2.2.1　语言模型

LangChain 集成的模型主要分为两种。

- **LLM**：文本生成型模型，接收一个字符串作为输入，并返回一个字符串作为输出，用于根据用户提供的提示词自动生成高质量文本的场景。
- **ChatModel**：对话型模型，接收一个消息列表作为输入，并返回一条消息作为输出，用于一问一答模式与用户持续对话的场景。

基本消息接口由 BaseMessage 定义，它有两个必需的属性。

- **内容**（content）：消息的内容，通常是一个字符串。
- **角色**（role）：消息的发送方。

LangChain 提供了几个对象来轻松区分不同的角色。

- HumanMessage：人类（用户）输入的 BaseMessage。
- AIMessage：AI 助手（大模型）输出的 BaseMessage。
- SystemMessage：系统预设的 BaseMessage。
- FunctionMessage：调用自定义函数或工具输出的 BaseMessage。
- ToolMessage：调用第三方工具输出的 BaseMessage。

如果这些内置角色不能满足你的需求，还有一个 ChatMessage 类，你可以用它自定义需要的角色，LangChain 在这方面提供了足够的灵活性。

在 LangChain 中调用 LLM 或 ChatModel 最简单的方法是使用 invoke 接口，这是所有 LCEL 对象都默认实现的同步调用方法。

❑ LLMs.invoke：输入一个字符串，返回一个字符串。

❑ ChatModel.invoke：输入一个 BaseMessage 列表，返回一个 BaseMessage。

下面看看如何处理这些不同类型的模型和输入。首先，导入一个 LLM 和一个 ChatModel：

```
# 导入通用补全模型 OpenAI
from langchain.llms import OpenAI
# 导入聊天模型 ChatOpenAI
from langchain.chat_models import ChatOpenAI

llm = OpenAI()
chat_model = ChatOpenAI()
```

LLM 和 ChatModel 对象均提供了丰富的初始化配置，这里我们只传入字符串用作演示：

```
# 导入表示用户输入的 HumanMessage
from langchain.schema import HumanMessage

text = "给生产杯子的公司取一个名字。"
messages = [HumanMessage(content=text)]

if __name__ == "__main__":
    print(llm.invoke(text))
    # >> 茶杯屋
    print(chat_model.invoke(messages))
    # >> content=' 杯享 '
```

2.2.2 提示模板

大多数 LLM 应用不会直接将用户输入传递给 LLM，而是将其添加到预先设计的**提示模板**，目的是给具体的任务提供额外的上下文。

在前面的示例中，我们传递给大模型的文本包含生成公司名称的指令，对于具体的应用来说，最好的情况是用户只需提供对产品的描述，而不用考虑给语言模型提供完整的指令。

PromptTemplate 就是用于解决这个问题的,它将所有逻辑封装起来,自动将用户输入转换为完整的格式化的提示词。例如,可以将上述示例修改如下:

```
# 导入提示模板 PromptTemplate
from langchain.prompts import PromptTemplate

prompt = PromptTemplate.from_template(" 给生产 {product} 的公司取一个名字。")
prompt.format(product=" 杯子 ")
```

使用提示模板替代原始字符串格式化的好处在于支持变量的"部分"处理,这意味着你可以分步骤地格式化变量,并且可以轻松地将不同的模板组合成一个完整的提示词,以实现更灵活的字符串处理。这些功能会在第 3 章中详细说明。

PromptTemplate 不仅能生成包含字符串内容的消息列表,而且能细化每条消息的具体信息,如角色和在列表中的位置。比如 **ChatPromptTemplate** 作为 **ChatMessageTemplate** 的一个集合,每个 **ChatMessageTemplate** 都定义了格式化聊天消息的规则,包括角色和内容的指定。下面是一个示例:

```
from langchain.prompts.chat import ChatPromptTemplate
template = " 你是一个能将 {input_language} 翻译成 {output_language} 的助手。"
human_template = "{text}"

chat_prompt = ChatPromptTemplate.from_messages([
    ("system", template),
    ("human", human_template),
])

chat_prompt.format_messages(input_language=" 中文 ", output_language=" 英文 ", text=" 我爱编程 ")
```

生成的消息列表如下所示:

```
[
    SystemMessage(content=" 你是一个能将中文翻译成英文的助手。", additional_kwargs={}),
    HumanMessage(content=" 我爱编程 ")
]
```

2.2.3　输出解析器

输出解析器将大模型的原始输出转换为下游应用易于使用的格式,主要类型包括:

- □ 将 LLM 的文本输出转换为结构化信息（例如 JSON、XML 等）；
- □ 将 ChatMessage 转换为纯字符串；
- □ 将除消息外的内容（如从自定义函数调用中返回的额外信息）转换为字符串。

输出解析器的详细内容也会在第 3 章中展开。

这里我们编写第一个输出解析器——**一个将以逗号分隔的字符串转换为列表的解析器**：

```python
ffrom langchain.schema import BaseOutputParser
from langchain.llms import OpenAI
from langchain.schema import HumanMessage


llm = OpenAI()

text = "给生产杯子的公司取三个合适的中文名字，以逗号分隔的形式输出。"
messages = [HumanMessage(content=text)]

class CommaSeparatedListOutputParser(BaseOutputParser):
    """ 将 LLM 的输出内容解析为列表 """

    def parse(self, text: str):
        """ 解析 LLM 调用的输出 """
        return text.strip().split(",")

if __name__ == "__main__":
    llms_response = llm.invoke(text)
    # 输出：[' 杯子之家 ', ' 瓷杯工坊 ', ' 品质杯子 ']
    print(CommaSeparatedListOutputParser().parse(llms_response))
```

2.2.4　使用 LCEL 进行组合

下面将上述这些环节组合成一个应用，这个应用会将输入变量传递给提示模板以创建提示词，将提示词传递给大模型，然后通过一个输出解析器（可选步骤）处理输出：

```python
from typing import List

from langchain.chat_models import ChatOpenAI
from langchain.prompts import ChatPromptTemplate
from langchain.schema import BaseOutputParser
```

```python
class CommaSeparatedListOutputParser(BaseOutputParser[List[str]]):
    """ 将 LLM 输出内容解析为列表 """

    def parse(self, text: str) -> List[str]:
        """ 解析 LLM 调用的输出 """
        return text.strip().split(", ")

template = """ 你是一个能生成以逗号分隔的列表的助手，用户会传入一个类别，你应该生成该类别下的 5 个对象，
并以逗号分隔的形式返回。
只返回以逗号分隔的内容，不要包含其他内容。"""
human_template = "{text}"

chat_prompt = ChatPromptTemplate.from_messages([
    ("system", template),
    ("human", human_template),
])

if __name__ == "__main__":
    chain = chat_prompt | ChatOpenAI() | CommaSeparatedListOutputParser()
    # 输出: [' 狗 , 猫 , 鸟 , 鱼 , 兔子 ']
    print(chain.invoke({"text": " 动物 "})
```

注意，这里使用 | **语法**将这些组件链接在一起。这个语法由 LCEL 提供支持，并且这些依赖的子组件必须继承自 Runnable 对象，同时实现通用接口，是不是很容易？使用 LangChain 构建的第一个 LLM 应用就完成了！

这里简单了解一下 LCEL。

LCEL 提供了一种声明式的方法，用于简化不同组件的组合过程。随着越来越多 LCEL 组件的推出，LCEL 的功能也在不断扩展。它巧妙地融合了专业编程和低代码编程两种方式的优势。在专业编程方面，LCEL 实现了一种标准化的流程。它允许创建 LangChain 称之为可运行的或者是规模较小的应用，这些应用可以结合起来，打造出更大型、功能更强大的应用。采用这种组件化的方法，不仅能够提高效率，还能使组件得到重复利用。在低代码方面，类似 Flowise 这样的工具有时可能会变得复杂且难以管理，而使用 LCEL 则方便简单，易于理解。LCEL 的这些特性使得它成为构建和扩展 LangChain 应用的强大工具，无论是对于专业开发者还是希望简化开发流程的用户。

使用 LCEL 有以下几点好处。

☐ LCEL 采取了专业编码和低代码结合的方式，开发者可以使用基本组件，并按照从左至右的顺序将它们串联起来。

- LCEL 不只实现了提示链的功能，还包含了对应用进行管理的特性，如流式处理、批量调用链、日志记录等。
- 这种表达式语言作为一层抽象层，简化了 LangChain 应用的开发，并为功能及其顺序提供更直观的视觉呈现。因为 LangChain 已经不仅仅是将一系列提示词简单串联起来，而是对大模型应用相关功能进行有序组织。
- LCEL 底层实现了"runnable"协议，所有实现该协议的组件都可以描述为一个可被调用、批处理、流式处理、转换和组合的工作单元。

为了简化用户创建自定义 LCEL 组件的过程，LangChain 引入了 Runnable 对象。这个对象可以将多个操作序列组合成一个组件，既可以通过编程方式直接调用，也可以作为 API 对外暴露，这已被大多数组件所采用。Runnable 对象的引入不仅简化了自定义组件的过程，也使得以标准方式调用这些组件成为可能。Runnable 对象声明的标准接口包括以下几个部分。

- stream：以流式方式返回响应数据。
- invoke：对单个输入调用链。
- batch：对一组输入调用链。

此外，还包括对标准接口的异步调用方式定义。

- astream：以流式方式异步返回响应数据。
- ainvoke：对单个输入异步调用链。
- abatch：对一组输入异步调用链。
- astream_log：在流式返回最终响应的同时，实时返回链执行过程中的每个步骤。

不同组件的输入和输出类型各不相同，如表 2-1 所示。

表 2-1　不同组件的输入和输出类型

组　件	输入类型	输出类型
Prompt	字典	PromptValue
ChatModel	单个字符串、聊天消息列表或 PromptValue	ChatMessage
LLM	单个字符串、聊天消息列表或 PromptValue	字符串
OutputParser	LLM 或 ChatModel 的输出	取决于解析器
Retriever	单个字符串	文档列表
Tool	单个字符串或字典，取决于具体工具	取决于工具

所有继承自 Runnable 对象的组件都必须包括输入和输出模式说明，即 `input_schema` 和 `output_schema`，用于校验输入和输出数据。

2.2.5　使用 LangSmith 进行观测

在 env 文件中设置好下面的环境变量，接着执行一次之前的应用示例，会发现所有组件的调用过程都自动记录到 LangSmith 中。可运行序列 RunnableSequence 由 ChatPromptTemplate、ChatOpenAI 和 CommaSeparatedListOutputParser 三种基本组件组成，每个组件的输入、输出、延迟时间、token 消耗情况、执行顺序等会被记录下来，如图 2-1 所示。有了这些指标，对应用运行时的状态进行观测就方便了许多，也可以将这些监控记录用于评估 AI 应用的稳定性。

```
LANGCHAIN_TRACING_V2="true"
LANGCHAIN_API_KEY=...
```

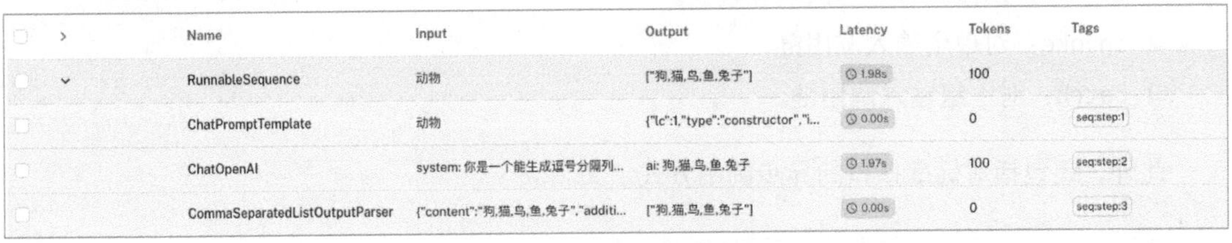

	>	Name	Input	Output	Latency	Tokens	Tags
	˅	RunnableSequence	动物	["狗,猫,鸟,鱼,兔子"]	⏱ 1.98s	100	
		ChatPromptTemplate	动物	{"lc":1,"type":"constructor","i...	⏱ 0.00s	0	seq:step:1
		ChatOpenAI	system: 你是一个能生成逗号分隔列...	ai: 狗,猫,鸟,鱼,兔子	⏱ 1.97s	100	seq:step:2
		CommaSeparatedListOutputParser	{"content":"狗,猫,鸟,鱼,兔子","additi...	["狗,猫,鸟,鱼,兔子"]	⏱ 0.00s	0	seq:step:3

图 2-1　LangSmith 监控记录

2.2.6　使用 LangServe 提供服务

我们已经构建了一个 LangChain 程序，接下来需要对其进行部署，通过接口的方式供下游应用调用，而 LangServe 的作用就在于此：帮助开发者将 LCEL 链作为 RESTful API 进行部署。为了创建应用服务器，在 serve.py 文件中定义三样东西：

- ❑ 链的定义；
- ❑ FastAPI 应用声明；
- ❑ 用于服务链的路由定义，可以使用 `langserve.add_routes` 完成。

```python
from typing import List

from fastapi import FastAPI
from langchain.prompts import ChatPromptTemplate
```

```python
from langchain.chat_models import ChatOpenAI
from langchain.schema import BaseOutputParser
from langserve import add_routes

# 链定义
class CommaSeparatedListOutputParser(BaseOutputParser[List[str]]):
    """ 将 LLM 中逗号分隔格式的输出内容解析为列表 """

    def parse(self, text: str) -> List[str]:
        """ 解析 LLM 调用的输出 """
        return text.strip().split(", ")

template = """ 你是一个能生成以逗号分隔的列表的助手，用户会传入一个类别，你应该生成该类别下的 5 个对象，
并以逗号分隔的形式返回。
只返回以逗号分隔的内容，不要包含其他内容。"""
human_template = "{text}"

chat_prompt = ChatPromptTemplate.from_messages([
    ("system", template),
    ("human", human_template),
])
first_chain = chat_prompt | ChatOpenAI() | CommaSeparatedListOutputParser()

# 应用定义
app = FastAPI(
  title=" 第一个 LangChain 应用 ",
  version="0.0.1",
  description="LangChain 应用接口 ",
)

# 添加链路由
add_routes(app, first_chain, path="/first_app")

if __name__ == "__main__":
    import uvicorn
    uvicorn.run(app, host="localhost", port=8000)
```

接着直接执行这个文件：

```
python serve.py
```

现在链会在 localhost:8000 上提供服务，可以在终端执行下面的命令：

```
curl -X POST http://localhost:8000/first_app/stream_log \
-H "Content-Type: application/json" \
-d '{
    "input": {
        "text": "动物"
    },
    "config": {}
}'
```

输出结果如下：

```
...
event: data
data: {"ops":[{"op":"add","path":"/streamed_output/-","value":["猫","狗","鸟","鱼","蛇"]}]}

event: data
data: {"ops":[{"op":"replace","path":"/final_output","value":{"output":["猫","狗","鸟",
"鱼","蛇"]}}]}

event: end
```

可以看到，最终输出格式和前面直接执行链的输出格式一致。由于每个 LangServe 服务都内置有一个简单的 UI，用于配置和调用应用，因此不喜欢在命令行操作的用户可以直接在浏览器中打开地址 http://localhost:8000/first_app/playground/ 体验，效果是一样的，如图 2-2 所示。

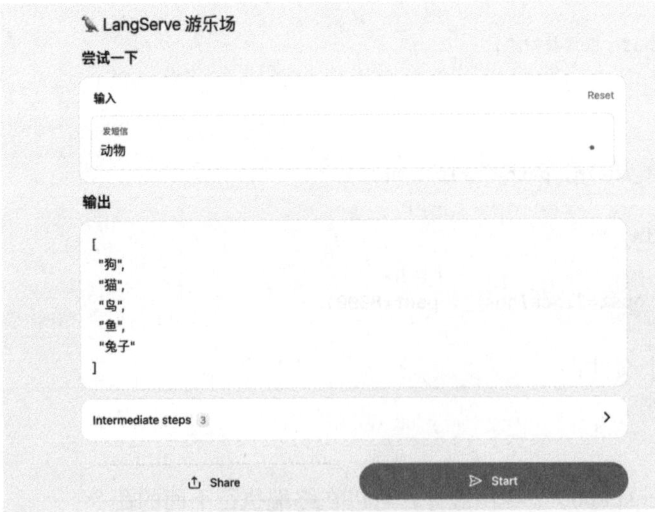

图 2-2　LangServe 服务 UI

上面两种方式可以用于自己测试接口，如果其他人想调用，该怎么办呢？不用着急，LangServe 也封装好了，可通过 `langserve.RemoteRunnable` 轻松使用编程方式与我们的服务进行交互：

```python
from langserve import RemoteRunnable

if __name__ == "__main__":
    remote_chain = RemoteRunnable("http://localhost:8000/first_app/")
    # 输出：['狗，猫，鸟，鱼，兔子']
    print(remote_chain.invoke({"text": "动物"}))
```

至此，我们了解了如何快速构建 LangChain 应用，接下来探讨在此过程中应注意的最佳安全实践。

2.3 最佳安全实践

尽管 LangChain 为应用开发提供了便利，但开发者在开发过程中必须时刻关注安全风险，以防止数据丢失、未授权访问、性能下降和可用性问题。

下面是一些有益的安全实践建议。

- ❑ **限制权限**：确保应用的权限设置合理，避免不必要的权限放宽。例如，设置只读权限、限制对敏感资源的访问，或在沙箱环境中运行应用。
- ❑ **防范滥用**：要意识到大模型可能产生不准确的输出，警惕系统访问和授权被滥用的风险。例如，如果数据库授权允许删除数据，应确保所有获得这些授权的模型都经过严格审查。
- ❑ **层层防护**：实施多重安全措施，不要仅依赖单一防护手段。结合使用不同的安全策略，如只读权限和沙箱技术，可以更有效地保护数据安全。

在本章中我们实现了一个最基础的 LangChain 应用，对使用 LangChain 开发应用的流程有了基本的了解，下一章开始我们将对核心模块逐个进行深入解析。

## 第 3 章

模型输入与输出

在第 2 章中，我们初步了解了模型 I/O 模块。接下来，我们将深入认识大模型的输入与输出。

在传统的软件开发实践中，API 的调用者和提供者通常遵循详细的文档规定，以确保输出的一致性和可预测性。然而，大模型（如 GPT-3）的运作方式有所不同。它们更像是带有不确定性的"黑盒"，其输出不仅难以精确控制，而且很大程度上依赖输入的质量。

3.1 大模型原理解释

注：本节旨在为普通读者提供直观的解释，并非深入的科学说明。如需深入了解，请参考《这就是 ChatGPT》[①]一书，其中详细解释了大模型的工作原理。

大模型的运作基于一种称为**概率模型**的机制，这种模型通过分析输入，预测并生成最可能的输出。以 GPT-3 为例，它是基于深度神经网络构建的，通过深入分析大量文本数据，学习语言的各种模式，包括词语的使用、语法结构以及句子的流畅性。如图 3-1 所示，这些模型能够捕捉到语言的细微之处，从而生成连贯且自然的语言输出。

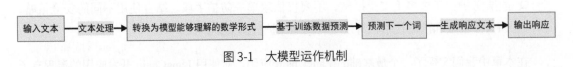

图 3-1　大模型运作机制

3.1.1　为什么模型输出不可控

大模型通过概率进行预测，这意味着它们根据训练数据预测下一个最可能出现的词或短语。

---

① 本书中文版已由人民邮电出版社图灵公司出版，详见 ituring.cn/book/3237。——编者注

这个过程依赖统计概率，而不是遵循一套固定的规则，因此模型的输出具有一定的不确定性和多样性。举个例子，假设我们输入"今天去"，模型会基于概率预测接下来的词，如下所示。

(1) **初始输入**："今天去"。
(2) **第一步预测**：模型预测下一个最可能的词。假设基于训练，模型得到 3 个可能的词：学校（40% 的概率）、公园（30% 的概率）、图书馆（30% 的概率）。
(3) **第二步预测**：如果选择了"公园"，模型继续预测接下来的词。假设可能的词有：玩耍（50% 的概率）、散步（20% 的概率）、读书（30% 的概率）。
(4) **生成结果**：模型根据这些概率逐步构建整个句子。比如它可能根据最高概率最后生成"今天去公园玩耍"，如图 3-2 所示。

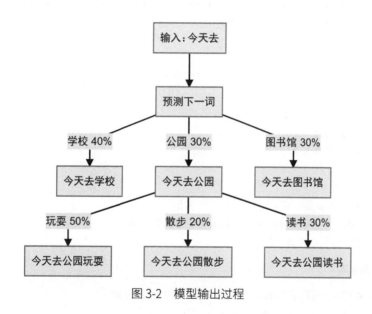

图 3-2　模型输出过程

这个例子展示了大模型通过逐步预测，每次选择概率最高的词来构建句子的过程。

3.1.2　输入对输出的影响

输入的质量直接影响模型的输出效果。模糊、错误或不相关的输入可能导致输出偏离预期；相反，清晰、准确的输入有助于模型更好地理解请求，提供更相关的输出。

比较以下两个输入及其对应的输出。

> **输入**：你是一个专门指导初学者编程的经验丰富的老师，希望你根据基础编程概念和最佳实践，解释 Python 中变量的作用，并给出两个简洁明了的实例，避免使用复杂的术语。

输出：

当然，我很乐意帮助初学者理解 Python 中变量的概念和作用。

变量的作用

1. **存储数据**：在编程中，变量就像是一个储物箱，你可以在其中存放数据，比如数字、文本或者更复杂的信息。
2. **代码复用**：使用变量可以帮助我们复用代码。例如，你需要多次使用同一个数据，便可以把它存储在一个变量中，然后多次引用这个变量。
3. **提高代码可读性**：变量可以给数据命名，这样代码更容易理解。比如，使用 total_score 比直接写一个数字更能清晰地表达使用这个变量的意图。

实例 1：存储和使用数字

假设你要计算两个数的和，可以使用变量来存储这两个数，然后进行计算：

```
number1 = 5
number2 = 3
sum = number1 + number2
print(sum)  # 输出结果将是 8
```

在这个例子中：

- number1 和 number2 是变量，它们分别存储了数字 5 和 3；
- sum 是另一个变量，用来存储 number1 和 number2 相加的结果；
- 最后一行代码打印出 sum 的值，即 8。

实例 2：存储文本

变量不仅可以存储数字，还可以存储文本（在编程中称为"字符串"）：

```
greeting = "Hello"
name = "Alice"
message = greeting + ", " + name + "!"
print(message)  # 输出结果将是 "Hello, Alice!"
```

在这个例子中：

- greeting 存储了文本 "Hello"；
- name 存储了文本 "Alice"；
- message 使用加号 + 将 greeting 和 name 组合成一个新的字符串；
- 打印 message 将显示合并后的文本 "Hello, Alice!"。

这些例子展示了在 Python 中变量如何被用来存储和操作数据，同时保持代码简洁和清晰。

输入：解释一下编程中的变量。

输出：

在编程中，变量是一种基本且非常重要的概念。变量可以看作存储数据的容器。在编程中，变量具有如下重要作用。

1. 数据存储：变量允许程序存储和操作数据。例如，一个变量可以存储用户年龄，另一个变量可以存储用户名。
2. 代码可读性：使用变量可以使代码更易于理解。比如，`totalPrice` 这个变量名比一串神秘的数字更能清晰表达这个变量的用途。
3. 代码复用：变量提高了代码的可复用性。通过在程序的不同部分引用同一个变量，可以避免重复的硬编码值。
4. 易于维护：如果需要更改某个值，只需在变量的定义处更改它，而不必在程序中每一个使用该值的地方都进行更改。
5. 控制流：变量常常用于控制程序的执行流程，例如，在循环和条件语句中使用。
6. 数据传递：在函数或方法之间传递数据时，通常会使用变量作为参数。

理解变量的概念和如何有效地使用它们对于成为一名专业程序员至关重要。

将自己代入编程初学者的视角，是不是第一个例子的回答的接受度更高呢？

在上述例子中，我们使用了 CRISPE 框架（如表 3-1 所示）来构建输入。这个框架由开源社区的 Matt Nigh 提出，它可以帮助我们为模型提供详细的背景、任务目标和输出格式要求，这样的输入使得模型输出更加符合预期，内容更加清晰和详细。

表 3-1　CRISPE 框架解释

概　念	含　义	示　例
CR：capacity and role（能力与角色）	希望模型扮演怎样的角色以及角色具备的能力	你是一个专门指导初学者编程的经验丰富的老师
I：insight（洞察力）	完成任务依赖的背景信息	根据基础编程概念和最佳实践
S：statement（指令）	希望模型做什么，任务的核心关键词和目标	解释 Python 中变量的作用，并给出实例
P：personality（个性）	希望模型以什么风格或方式输出	使用简洁明了的语言，避免使用复杂的术语
E：experiment（尝试）	要求模型提供多个答案，任务输出结果数量	提供两个不同的例子来展示变量的使用

这里的输入其实就是后续我们会经常提到的**提示词**，提示词在与大模型的交互中扮演着关键角色。它们是提供给模型的输入文本，可以引导模型生成特定主题或类型的文本，在自然语言处理任务中，提示词通常作为问题或任务的输入，而模型的输出则是对这些输入的回答或完成任务的结果。

接下来我们将深入探讨 LangChain 如何在实际应用中管理和优化这些提示词。

3.2 提示模板组件

LangChain 的提示模板组件是一个强大的工具，用于简化和高效地构建提示词。其优势在于能够让我们复用大部分静态内容，同时只需动态修改部分变量。

3.2.1 基础提示模板

为了构建一个基础的提示模板，首先需要在程序中引入 PromptTemplate 类。这个类允许我们定义一个包含变量的模板字符串，从而在需要时替换这些变量。例如，想翻译一段文字并指定翻译的风格，可以像下面这样创建模板和格式化变量：

```
from langchain.prompts import PromptTemplate

# 创建一个提示模板
template = PromptTemplate.from_template("翻译这段文字：{text}，风格：{style}")
# 使用具体的值格式化模板
formatted_prompt = template.format(text="我爱编程", style="诙谐有趣")
print(formatted_prompt)
```

在这个示例中，{text} 和 {style} 是模板中的变量，它们可以被动态替换。这种方式极大地简化了提示词的构建过程，特别是在处理复杂或重复的提示词时。

值得注意的是，PromptTemplate 实际上是 BasePromptTemplate 的一个扩展（如图 3-3 所示）。它特别实现了一个自己的 format 方法，这个方法内部使用了 Python 的 f-string 语法。f-string（格式化字符串字面量）是 Python 中一种方便的字符串格式化方法，允许将表达式直接嵌入字符串中。

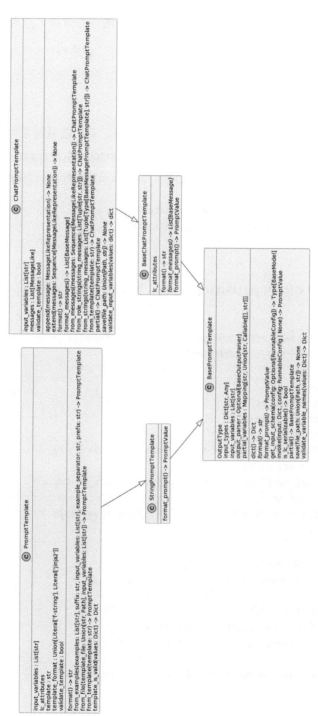

图 3-3 PromptTemplate 与 BasePromptTemplate 的继承关系

　　LangChain 通过其设计，显著提升了提示词创建的灵活性和效率，这对于需要快速迭代和测试多种提示词的场景尤为重要。

3.2.2　自定义提示模板

　　接下来通过一个示例来展示如何自定义一个提示模板。我们的目标是创建一个模板，它可以生成关于人物信息的 JSON 格式输出。首先，我们从 langchain.prompts 引入 StringPrompt-Template 类，并定义一个继承自此类的自定义模板类 PersonInfoPromptTemplate：

```python
from langchain.prompts import StringPromptTemplate
from langchain.pydantic_v1 import BaseModel, validator
import json

delimiter = "####"
PROMPT = f"""将每个用户的信息用 {delimiter} 字符分割，并按照 JSON 格式提取姓名、职业和爱好信息。
示例如下："""

class PersonInfoPromptTemplate(StringPromptTemplate, BaseModel):
    """ 自定义提示模板，用于生成关于人物信息的 JSON 格式输出 """

    # 验证输入变量
    @validator("input_variables")
    def validate_input_variables(cls, v):
        if "name" not in v:
            raise ValueError("name 字段必须包在 input_variable 中。")
        if "occupation" not in v:
            raise ValueError("occupation 字段必须包含在 input_variable 中。")
        if "fun_fact" not in v:
            raise ValueError("fun_fact 字段必须包含在 input_variable 中。")
        return v

    # 格式化输入，生成 JSON 格式输出
    def format(self, **kwargs) -> str:
        person_info = {
            "name": kwargs.get("name"),
            "occupation": kwargs.get("occupation"),
            "fun_fact": kwargs.get("fun_fact")
        }
        return PROMPT + json.dumps(person_info, ensure_ascii=False)
```

```
    # 指定模板类型
    def _prompt_type(self):
        return "person-info"

# 使用模板
person_info_template = PersonInfoPromptTemplate(input_variables=["name", "occupation", "fun_fact"])
prompt_output = person_info_template.format(
    name=" 张三 ",
    occupation=" 软件工程师 ",
    fun_fact=" 喜欢攀岩 "
)
```

这样，我们成功创建了一个自定义模板，它能够生成包含人物姓名、职业和爱好的 JSON 格式提示词。当我们调用 format 方法并传入相应的参数时，它会返回以下内容：

> 将每个用户的信息用 #### 字符分割，并按照下面的示例提取姓名、职业和爱好信息。
>
> 示例如下：
>
> {"name": " 张三 ", "occupation": " 软件工程师 ", "fun_fact": " 喜欢攀岩 "}

这个自定义提示模板展示了如何灵活地利用 LangChain 的功能来满足特定的格式化需求。

3.2.3 使用 FewShotPromptTemplate

LangChain 还提供了 FewShotPromptTemplate 组件，用于创建包含少量示例的提示词，这对于大模型执行新任务或不熟悉的任务特别有帮助。它通过在提示词中提供一些示例来 "教" 模型如何执行特定任务：

```
from langchain.prompts import PromptTemplate
from langchain.prompts import FewShotPromptTemplate

example_prompt = PromptTemplate(input_variables=["input", "output"], template=" 问题 :
{input}\n{output}")
# 创建 FewShotPromptTemplate 实例
# 示例中包含了一些教模型如何回答问题的样本
template = FewShotPromptTemplate(
    examples=[
        {"input": "1+1 等于多少？ ", "output": "2"},
        {"input": "3+2 等于多少？ ", "output": "5"}
    ],
```

```
    example_prompt=example_prompt,
    input_variables=["input"],
    suffix=" 问题：{input}"
)
prompt = template.format(input="5-3 等于多少？")
```

FewShotPromptTemplate 在 format 方法中使用 PromptTemplate 格式化少量示例：

```
class FewShotPromptTemplate(_FewShotPromptTemplateMixin, StringPromptTemplate):
    """ 包含少量样本示例的提示模板 """
            ...
    input_variables: List[str]
    """ 提示模板期望的变量名称列表 """

    example_prompt: PromptTemplate
    """ 用于格式化少量示例的 PromptTemplate """

    suffix: str
    """ 在示例之后放置的提示模板字符串 """

    example_separator: str = "\n\n"
    """ 用于连接前缀、示例和后缀的字符串分隔符 """

    prefix: str = ""
    """ 在示例之前放置的提示模板字符串 """

    def format(self, **kwargs: Any) -> str:
        kwargs = self._merge_partial_and_user_variables(**kwargs)
        # 获取要使用的示例
        examples = self._get_examples(**kwargs)
        examples = [
            {k: e[k] for k in self.example_prompt.input_variables} for e in examples
        ]
        # 格式化示例
        example_strings = [
            self.example_prompt.format(**example) for example in examples
        ]
        # 创建整体模板
        pieces = [self.prefix, *example_strings, self.suffix]
        template = self.example_separator.join([piece for piece in pieces if piece])
        # 使用输入变量格式化模板
        return DEFAULT_FORMATTER_MAPPING[self.template_format](template, **kwargs)
    ...
```

利用已有的少量示例来指导大模型处理类似的任务，这在模型未经特定训练或对某些任务不熟悉的情况下非常有用。这种方法提高了模型处理新任务的能力，尤其是在数据有限的情况下。

3.2.4 示例选择器

上面提到小样本学习需要提供少量示例，而示例选择器就是用来决定使用哪些示例的。自定义示例选择器允许用户基于自定义逻辑从一组给定的示例中选择，这种选择器需要实现两个主要方法。

- `add_example` 方法：接收一个示例并将其添加到 `ExampleSelector` 中。
- `select_examples` 方法：接收输入变量（通常是用户输入）并返回用于小样本学习提示的一系列示例。

LangChain 内置了 4 种选择器，它们都继承自 `BaseExampleSelector`（如图 3-4 所示）。

- `LengthBasedExampleSelector`：一种基于长度的示例选择器。其核心思想是根据输入的长度（例如文本的字符数或单词数）来选择示例。这种选择器通常用于确保所选示例与输入数据在长度上相似，从而提高语言模型处理输入的效率和准确性。例如，在处理文本生成任务时，如果输入文本较短，`LengthBasedExampleSelector` 可能会倾向于选择较短的示例；相反，如果输入较长，它可能会选择更长的示例。这样做的目的是使模型能够更好地理解和生成与输入长度相匹配的内容，从而提高生成文本的相关性和一致性。

- `MaxMarginalRelevanceExampleSelector`（最大边缘相关性示例选择器）：用来挑选出既相关又多样化的示例。假设你在制作一个问答系统，希望给 AI 提供一些示例问题和答案，以帮助它更好地回答新问题，同时想保证这些示例既和新问题相关，又不会太过相似，以便给 AI 展示更多样的情况，这就是 `MaxMarginalRelevanceExampleSelector` 发挥作用的地方。

举个例子。假设你有一堆关于动物的问题和答案，现在新问题是关于"猫"的，这个选择器首先会找出所有和"猫"相关的问题，但如果它只选择关于"猫"的问题，那就太单调了。所以，它可能会挑选一个直接相关的问题（比如关于猫的饮食习惯），然后再挑选一个间接相关的问题（比如关于宠物饲养的一般问题），这样，AI 就可以从多种角度学习，并准备好回答更广泛的问题。

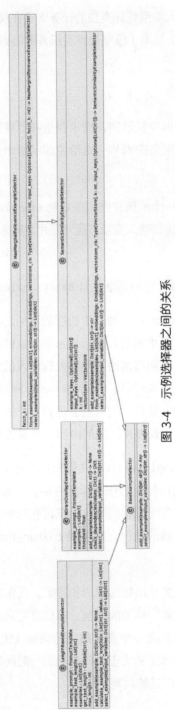

图 3-4 示例选择器之间的关系

❑ SemanticSimilarityExampleSelector（语义相似度示例选择器）：它会从一堆给定的示例中挑选出和当前问题在语义上最相似的几个，这通过分析和比较词、短语和整体话题的意义来实现。简单来说，这个工具可以帮助 AI 更好地理解当前的问题，并从相关的示例中学习，以提供更准确、更合适的答案。你去图书馆寻找关于"如何烹饪意大利面"的图书，图书管理员首先弄清楚你的问题，然后从成千上万本书中找出几本和你的问题最相关的。他不仅会找介绍意大利面的书，还会找那些在内容上和你的问题最为贴近的，比如讲述意大利面食材选择、烹饪方法或食谱的书，该选择器的工作原理与之类似。

❑ NGramOverlapExampleSelector：一种基于 n-gram 重叠的示例选择器。它的核心思想是从一组示例中选择与输入数据在词语（特别是 n-gram，即连续的词序列）上有最多重叠的示例。假设你需要从一系列句子中选择与给定输入句子最相关的句子，这里的"相关性"是通过比较输入句子和每个候选句子中的词语来确定的。具体来说，n-gram 重叠是指句子中连续的词序列（比如两个、三个或更多连续的词）在两个句子之间的匹配度。NGramOverlapExampleSelector 会计算输入句子和每个候选句子之间的这种重叠程度，并选择重叠最多的句子。

– 假设输入句子是"我喜欢晴朗的天气。"
– 候选句子有：

1. "我不喜欢雨天。"
2. "天气晴朗让我感觉非常开心。"
3. "我喜欢吃苹果。"

在这里，第二个句子（"天气晴朗让我感觉非常开心。"）与输入句子的 n-gram 重叠最多（比如都含有"晴朗""我""天气"）。这种方法在确定哪些历史数据或示例与当前的查询或话题最相关时非常有用，尤其适用于聊天机器人、问答系统或任何需要从一组数据中提取最相关信息的场景。

下面我们动手实现一个自定义示例选择器，其中 select_examples 方法随机选择两个示例：

```python
from langchain.prompts.example_selector.base import BaseExampleSelector
from typing import Dict, List
import numpy as np


class CustomExampleSelector(BaseExampleSelector):
```

```
    def __init__(self, examples: List[Dict[str, str]]):
        self.examples = examples

    def add_example(self, example: Dict[str, str]) -> None:
        """ 添加新的示例 """
        self.examples.append(example)

    def select_examples(self, input_variables: Dict[str, str]) -> List[dict]:
        """ 根据输入选择使用哪些示例 """
        return np.random.choice(self.examples, size=2, replace=False)
```

创建了自定义选择器后，初始化并使用它来选择示例：

```
examples = [
    {"foo": "1"},
    {"foo": "2"},
    {"foo": "3"}
]
# 初始化示例选择器
example_selector = CustomExampleSelector(examples)

# 选择示例
example_selector.select_examples({"foo": "foo"})

# 添加新的示例
example_selector.add_example({"foo": "4"})
example_selector.examples

# 选择示例
example_selector.select_examples({"foo": "foo"})
```

使用 LangChain 的提示模板，不仅能够有效地管理和复用提示词，还能轻松地将大模型的输出格式化，便于在代码中调用，这大大简化了处理复杂提示词的过程，特别是当项目规模增大、提示词变得更长时。

3.3　大模型接口

在了解了大模型的工作原理和如何设计有效的提示词之后，接下来转向探讨 LangChain 大模型接口的设计。

3.3.1　聊天模型

LangChain 提供了一系列基础组件，用于与大模型进行交互。在这些组件中，特别值得一提的是 BaseChatModel，它专为实现对话交互而设计。这个组件能够理解用户的查询或指令，并生成相应的回复。

与通用语言模型组件相比，BaseChatModel 采用了不同的接口设计。通用语言模型组件通常采用的是"输入文本，输出文本"的模式，而 BaseChatModel 则以"聊天消息"的形式进行输入和输出，这使得它更适合模拟真实的对话场景。

LangChain 支持多种聊天模型，如图 3-5 所示，包括但不限于：

❑ ChatTongyi（阿里通义千问模型）
❑ QianfanChatEndpoint（百度千帆平台上的模型）
❑ AzureChatOpenAI（微软云上的 OpenAI 模型）
❑ ChatGooglePalm（谷歌 PaLM 模型）
❑ ChatOpenAI（OpenAI 模型）

聊天模型还支持批量模式和流模式。批量模式允许同时处理多组消息，适用于需要一次性处理大量对话的场景；流模式更适合实时处理消息，提供连续的对话交互体验。这些功能使得聊天模型在对话交互方面更加灵活和强大。

3.3.2　聊天模型提示词的构建

在 LangChain 中，聊天模型的提示词构建基于多种类型的消息，而不是单纯的文本。这些消息类型包括下面这些。

❑ AIMessage：大模型生成的消息。
❑ HumanMessage：用户输入的消息。
❑ SystemMessage：对话系统预设的消息。
❑ ChatMessage：可以自定义类型的消息。

为了创建这些类型的提示词，LangChain 提供了 MessagePromptTemplate，它可以结合多个 BaseStringMessagePromptTemplate 来构建一个完整的 ChatPromptTemplate，如图 3-6 所示。下面的示例展示了如何使用这些模板来生成针对特定情景的提示词。

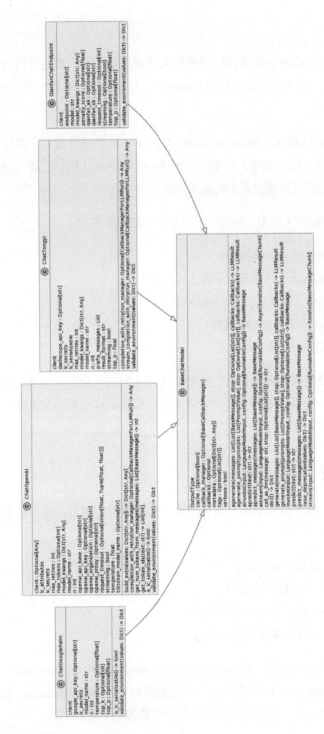

图 3-5 LangChain 支持多种聊天模型

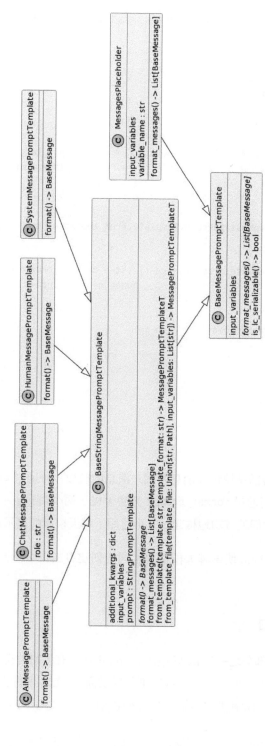

图 3-6 LangChain 消息类型和模板之间的关系

假设我们要构建一个设定翻译助手的提示词，可以按照以下步骤操作：

```python
from langchain.prompts import (
    ChatPromptTemplate,
    SystemMessagePromptTemplate,
    HumanMessagePromptTemplate,
)

# 定义对话系统预设消息模板
template = " 你是一个翻译助手，可以将 {input_language} 翻译为 {output_language}。"
system_message_prompt = SystemMessagePromptTemplate.from_template(template)

# 定义用户消息模板
human_template = "{talk}"
human_message_prompt = HumanMessagePromptTemplate.from_template(human_template)

# 构建聊天提示模板
chat_prompt = ChatPromptTemplate.from_messages([system_message_prompt,
                                                human_message_prompt])

# 生成聊天消息
messages = chat_prompt.format_prompt(
    input_language=" 中文 ",
    output_language=" 英文 ",
    talk=" 我爱编程 "
).to_messages()

# 打印生成的聊天消息
for message in messages:
    print(message)
```

这段代码首先定义了对话系统预设消息和用户消息的模板，并通过 ChatPromptTemplate 将它们组合起来。然后，我们通过 format_prompt 方法生成了两个消息：一个对话系统预设消息和一个用户消息。这样，我们就成功地构建了一个适用于聊天模型的提示词。

通过这种方式，LangChain 使得聊天模型提示词的创建更加灵活和高效，特别适合需要模拟对话交互的场景。

3.3.3 定制大模型接口

LangChain 的核心组成部分之一是 LLM 组件。当前市场上有多家大模型提供商，如 OpenAI、ChatGLM 和 Hugging Face 等，为了简化与这些不同提供商的 LLM 进行交互的过程，LangChain 特别设计了 BaseLLM 类。BaseLLM 类提供了一个标准化的接口（如图 3-7 所示），使得开发者能够

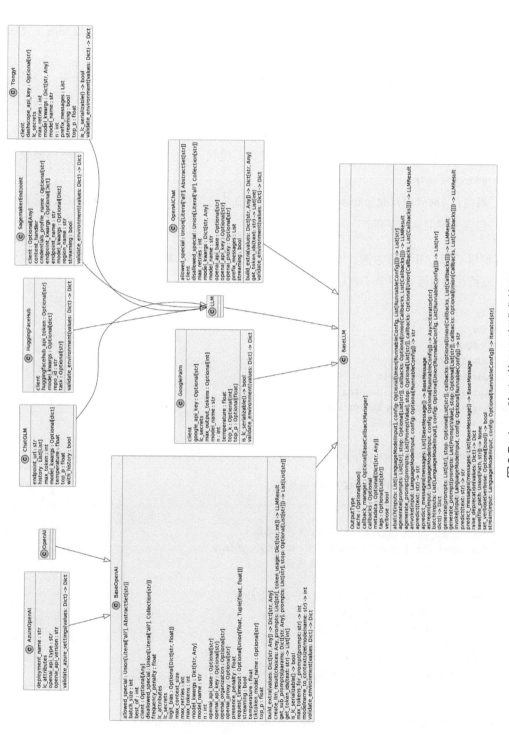

图 3-7 LangChain 的 LLM 标准化接口

通过统一的方式与各种 LLM 进行通信，无论它来自哪个提供商。这种设计极大地提高了灵活性和便捷性，允许开发者轻松集成和切换不同的 LLM，而无须担心底层实现的差异。

在实际应用中，我们可能会使用私有部署的大模型，例如公司内部开发的模型。为此，需要实现一个自定义的 LLM 组件，以便这些模型与 LangChain 的其他组件协同工作。自定义 LLM 封装器需要实现以下行为和特性。

- □ **方法**：_call 方法是与模型交互的核心接口，接收一个字符串和可选的停用词列表，返回一个字符串。
- □ **属性**：_identifying_params 属性提供关于该类的信息，有助于打印和调试，返回一个包含关键信息的字典。

我们以 GPT4All 模型为例，展示如何实现一个自定义的 LLM 组件。GPT4All 是一个生态系统，支持在消费级 CPU 和 GPU 上训练和部署大模型。

```python
import os
import io
import requests
from tqdm import tqdm
from pydantic import Field
from typing import List, Mapping, Optional, Any
from langchain.llms.base import LLM
from gpt4all import GPT4All

class CustomLLM(LLM):
    """
    一个自定义的 LLM 类，用于集成 GPT4All 模型
    参数：

    model_folder_path: (str) 存放模型的文件夹路径
    model_name: (str) 要使用的模型名称（<模型名称>.bin）
    allow_download: (bool) 是否允许下载模型

    backend: (str) 模型的后端（支持的后端：llama/gptj）
    n_threads: (str) 要使用的线程数
    n_predict: (str) 要生成的最大 token 数
    temp: (str) 用于采样的温度
    top_p: (float) 用于采样的 top_p 值
    top_k: (float) 用于采样的 top_k 值
    """
    # 以下是类属性的定义
    model_folder_path: str = Field(None, alias='model_folder_path')
```

```python
    model_name: str = Field(None, alias='model_name')
    allow_download: bool = Field(None, alias='allow_download')

    # 所有可选参数
    # 使用 typing 库中的相关类型进行类型声明
    backend:        Optional[str]   = 'llama'
    temp:           Optional[float] = 0.7
    top_p:          Optional[float] = 0.1
    top_k:          Optional[int]   = 40
    n_batch:        Optional[int]   = 8
    n_threads:      Optional[int]   = 4
    n_predict:      Optional[int]   = 256

    # 初始化模型实例
    gpt4_model_instance:Any = None

    def __init__(self, model_folder_path, model_name, allow_download, **kwargs):
        super(CustomLLM, self).__init__()
        # 类构造函数的实现
        self.model_folder_path: str = model_folder_path
        self.model_name = model_name
        self.allow_download = allow_download

        # 触发自动下载
        self.auto_download()

        # 创建 GPT4All 模型实例
        self.gpt4_model_instance = GPT4All(
            model_name=self.model_name,
            model_path=self.model_folder_path,
        )

    def auto_download(self) -> None:
        """
        此方法将会下载模型到指定路径
        """
        ...

    @property
    def _identifying_params(self) -> Mapping[str, Any]:
        """
        返回一个字典类型，包含 LLM 的唯一标识
        """
        return {
```

```python
        'model_name' : self.model_name,
        'model_path' : self.model_folder_path,
        **self._get_model_default_parameters
    }


@property
def _llm_type(self) -> str:
    """
    它告诉我们正在使用什么类型的 LLM
    例如：这里将使用 GPT4All 模型
    """
    return 'gpt4all'


def _call(
        self,
        prompt: str, stop: Optional[List[str]] = None,
        **kwargs) -> str:
    """
    这是主要的方法，将在我们使用 LLM 时调用。
    重写基类方法，根据用户输入的 prompt 来响应用户，返回字符串。
    """
    params = {
        **self._get_model_default_parameters,
        **kwargs
    }
    # 使用 GPT-4 模型实例开始一个聊天会话
    with self.gpt4_model_instance.chat_session():
        # 生成响应：根据输入的提示词（prompt）和参数（params）生成响应
        response_generator = self.gpt4_model_instance.generate(prompt, **params)
    # 判断是否是流式响应模式
    if params['streaming']:

        # 创建一个字符串 IO 流来暂存响应数据
            response = io.StringIO()
            for token in response_generator:
            # 遍历生成器生成的每个令牌（token）
                print(token, end='', flush=True)
                response.write(token)
            response_message = response.getvalue()
            response.close()
            return response_message


    # 如果不是流式响应模式，直接返回响应生成器
    return response_generator
```

3.3.4 扩展模型接口

LangChain 为 LLM 组件提供了一系列有用的扩展功能，以增强其交互能力和应用性能。

- **缓存功能**：在处理频繁重复的请求时，缓存功能能够显著节省 API 调用成本，并提高应用程序的响应速度。例如，如果你的应用需要多次询问相同的问题，缓存可以避免重复调用大模型提供商的 API，从而降低成本并加快处理速度。
- **流式支持**：LangChain 为所有 LLM 组件实现了 Runnable 对象接口，该接口提供了 `stream` 和 `astream` 方法，为大模型提供了基本的流式处理能力。这允许你获取一个迭代器，它将返回大模型的最终响应。虽然这种方法不支持逐 token 的流式传输，但它确保了代码的通用性，无论使用哪个大模型。这对于需要异步处理或连续接收数据的应用场景尤为重要。

以上功能强化了 LangChain 与不同 LLM 的交互能力，无论是在成本控制、性能优化还是满足特定应用需求方面，都提供了强有力的支持。

3.4 输出解析器

LangChain 中的输出解析器负责将语言模型生成的文本转换为更为结构化和实用的格式。比如，你可能不只是需要一段文本，而是需要将其转换为 XML 格式、日期时间对象或者列表等具体的数据结构。

输出解析器的种类繁多，如图 3-8 所示，包括但不限于如下几类。

- `XMLOutputParser`：将文本输出转换为 XML 格式。
- `DatetimeOutputParser`：将文本输出转换为日期时间对象。
- `CommaSeparatedListOutputParser`：将文本输出转换为列表。

你还可以根据需求自定义输出解析器，将文本转换为 JSON 格式、Python 数据类或数据库行等。自定义输出解析器通常需要实现以下方法。

- `get_format_instructions`：返回一个指令，用于指示语言模型如何格式化输出内容。
- `parse`：解析语言模型的响应，转换成指定结构。

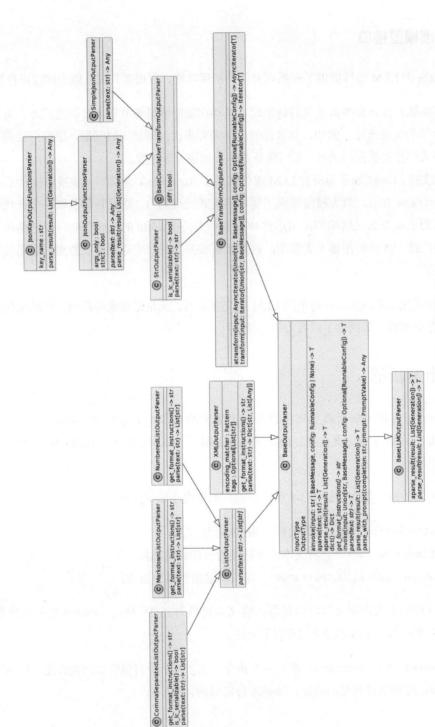

图 3-8 LangChain 中的输出解析器类

可选方法:

❑ parse_with_prompt:在处理语言模型的输出时,参考最初用于生成该输出的提示词(问题或指令),可以更有效地理解和调整输出结果,这在尝试改进或修正模型输出格式时非常有用,比如明确要求模型输出 JSON 格式的情况。

下面我们实现一个自定义输出解析器,从自然语言描述中提取花费记录信息用于记账(举这个例子只是为了读者更好地理解输出解释器的作用,记账场景最方便的处理方式是使用 few-shot 提示输出 JSON 格式的内容):

```python
class CustomOutputParser(BaseOutputParser[BaseModel]):
    pydantic_object: Type[T]

    def parse(self, text: str) -> BaseModel:
        """
        解析文本到 Pydantic 模型

        Args:
            text: 要解析的文本

        Returns:
            Pydantic 模型的一个实例
        """
        try:
            # 贪婪搜索第一个 JSON 候选
            match = re.search(
                r"\{.*\}", text.strip(), re.MULTILINE | re.IGNORECASE | re.DOTALL
            )
            json_str = ""
            if match:
                json_str = match.group()
            json_object = json.loads(json_str, strict=False)
            return self.pydantic_object.parse_obj(json_object)

        except (json.JSONDecodeError, ValidationError) as e:
            name = self.pydantic_object.__name__
            msg = f"从输出中解析 {name} 失败 {text}。错误信息:{e}"
            raise OutputParserException(msg, llm_output=text)

    def get_format_instructions(self) -> str:
        """
        获取格式说明

        Returns:
```

```
        格式说明的字符串
    """
    schema = self.pydantic_object.schema()

    # 移除不必要的字段
    reduced_schema = schema
    if "title" in reduced_schema:
        del reduced_schema["title"]
    if "type" in reduced_schema:
        del reduced_schema["type"]
    # 确保json在上下文中格式正确（使用双引号）
    schema_str = json.dumps(reduced_schema)

    return CUSTOM_FORMAT_INSTRUCTIONS.format(schema=schema_str)


@property
def _type(self) -> str:
    """
    获取解析器类型

    Returns:
        解析器的类型字符串
    """
    return "custom output parser"
```

定义一个 ExpenseRecord 模型，用于存储关于花费金额、类别、日期和描述的信息，并使用 Pydantic 解析器来解析这些信息，将自然语言转换为记账信息：

```
class ExpenseRecord(BaseModel):
    amount: float = Field(description=" 花费金额 ")
    category: str = Field(description=" 花费类别 ")
    date: str = Field(description=" 花费日期 ")
    description: str = Field(description=" 花费描述 ")


# 创建 Pydantic 输出解析器实例
parser = CustomOutputParser(pydantic_object=ExpenseRecord)

# 定义获取花费记录的提示模板
expense_template = '''
请将这些花费记录在我的账本中。
我的花费记录是：{query}
格式说明：
{format_instructions}
'''
```

```
# 使用提示模板创建实例
prompt = PromptTemplate(
    template=expense_template,
    input_variables=["query"],
    partial_variables={"format_instructions": parser.get_format_instructions()},
)

# 格式化提示词
_input = prompt.format_prompt(query="昨天白天我去超市花了45元买日用品,晚上我又花了20元打车。")

# 创建 OpenAI 模型实例
model = OpenAI(model_name="text-davinci-003", temperature=0)

# 使用模型处理格式化后的提示词
output = model(_input.to_string())

# 解析输出结果
expense_record = parser.parse(output)
# 遍历并打印花费记录的各个参数
for parameter in expense_record.__fields__:
    print(f"{parameter}: {expense_record.__dict__[parameter]},
                        {type(expense_record.__dict__[parameter])}")
```

最后看看打印结果:

```
[
    {
        "amount": 45,
        "category": " 日用品 ",
        "date": " 昨天白天 ",
        "description": " 去超市买日用品 "
    },
    {
        "amount": 20,
        "category": " 打车 ",
        "date": " 晚上 ",
        "description": " 打车 "
    }
]
```

　　LangChain 中关于大模型输入与输出的介绍到此就结束了。接下来,我们将深入探索 LangChain 的核心模块——链的构建,并通过实例演示如何结合本章内容实现一个实用的应用。

## 第 4 章

链的构建

第 1 章曾提到 LangChain 的核心价值之一就在于其现成的链，本章将从链的基本概念谈起，然后深入探讨链的一些高级特性，接着引导大家实现自己的自定义链，最后介绍一些针对常见应用场景特别设计的链，以帮助开发者更高效地使用 LangChain 的功能。

4.1　链的基本概念

在 LangChain 中，链是一系列组件的有序组合，用于执行特定任务。无论是处理简单的文本还是复杂的数据，链都能发挥重要作用。例如，你可以构建一条链来处理用户输入，将其转换为所需格式，然后保存或进一步处理。

LangChain 提供了两种实现链的方式：传统的 Chain 编程接口和最新的 LCEL。虽然两者可以共存，但官方推荐使用 LCEL，因为它提供了更直观的语法，并支持流式传输、异步调用、批处理、并行化和重试等高级功能。

LCEL 的主要优势在于其直观性和灵活性。开发者可以轻松地将输入提示模板、模型接口和输出解析器等模块组合起来，构建出高度定制化的处理链。

接下来，我们将通过具体的示例来展示如何利用 LCEL 构建有效且实用的链。

4.2　Runnable 对象接口探究

第 3 章提到的提示模板组件对象 `BasePromptTemplate`、大模型接口对象 `BaseLanguageModel` 和输出解析器对象 `BaseOutputParser` 都实现了关键接口——Runnable 对象接口。这些接口的设计旨在让不同的组件能够灵活地串联起来，形成一条功能更强大的处理链。通过实现 Runnable 对象接口，组件之间能够确保兼容性，并以模块化的方式进行组合使用。

Runnable 对象接口是一个可以被调用、批量处理、流式处理、转换和组合的工作单元，它通过 input_schema 属性、output_schema 属性和 config_schema 方法来提供关于组件输入、输出和配置的结构化信息。这些属性和方法使得组件能够清晰地定义它们所需的输入格式、期望的输出格式以及配置选项，从而简化组件间的集成和交互。

接下来，我将详细介绍这些主要方法和属性，以及如何利用它们来构建高效的处理链。

- ❏ invoke/ainvoke：它接收输入并返回输出。
- ❏ batch/abatch：这个方法允许对输入列表进行批量处理，返回一个输出列表。
- ❏ stream/astream：这个方法提供了流式处理的能力，允许逐块返回响应，而不是一次性返回所有结果。
- ❏ astream_log：这个方法用于逐块返回响应过程的中间结果和日志记录输出。

带有 a 前缀的方法是异步的，默认情况下通过 asyncio 的线程池执行对应同步方法，可以重写以实现原生异步。所有方法都接收一个可选的 config 参数，用于配置执行、添加用于跟踪和调试的标签和元数据等。下面是 Runnable 对象接口的声明：

```python
class Runnable(Generic[Input, Output], ABC):
    ...
    @property
    def input_schema(self) -> Type[BaseModel]:
        ...
    @property
    def output_schema(self) -> Type[BaseModel]:
        ...
    def config_schema(
        self, *, include: Optional[Sequence[str]] = None
    ) -> Type[BaseModel]:
        ...
    @abstractmethod
    def invoke(self, input: Input, config: Optional[RunnableConfig] = None) -> Output:
        ...
    async def ainvoke(
        self, input: Input, config: Optional[RunnableConfig] = None, **kwargs: Any
    ) -> Output:
        ...
    def batch(
        self,
    ) -> List[Output]:
        ...
    async def abatch(
        self,
        ...
```

```
) -> List[Output]:
    ...
def stream(
    self,
    ...
) -> Iterator[Output]:
    ...
async def astream(
    self,
    ...
) -> AsyncIterator[Output]:
    ...
async def astream_log(
    self,
    input: Any,
    ...
) -> Union[AsyncIterator[RunLogPatch], AsyncIterator[RunLog]]:
    ...
```

在 LangChain 中，为了有效地组合 Runnable 对象，有两个主要的工具：RunnableSequence 和 RunnableParallel。RunnableSequence 用于顺序调用一系列 Runnable 对象。它将前一个 Runnable 对象的输出作为下一个的输入，从而形成一条处理链。你可以使用管道运算符（|）或者将 Runnable 对象的列表传递给 RunnableSequence 来构造这样的序列。RunnableParallel 则用于并行调用多个 Runnable 对象。它会为每个 Runnable 对象提供相同的输入，从而实现任务的并行处理。你可以在序列中使用字典字面值或者直接传递字典给 RunnableParallel 来构造并行处理链。例如：

```
from langchain.schema.runnable import RunnableLambda


def test():
    # 使用 | 运算符构造的 RunnableSequence
    sequence = RunnableLambda(lambda x: x - 1) | RunnableLambda(lambda x: x * 2)
    print(sequence.invoke(3)) # 4
    print(sequence.batch([1, 2, 3])) # [0, 2, 4]
    # 包含使用字典字面值构造的 RunnableParallel 的序列
    sequence = RunnableLambda(lambda x: x * 2) | {
        'sub_1': RunnableLambda(lambda x: x - 1),
        'sub_2': RunnableLambda(lambda x: x - 2)
    }
    print(sequence.invoke(3)) # {'sub_1': 5, 'sub_2': 4}
```

在 LangChain 中，有 6 种基础组件实现了 Runnable 对象接口，第 2 章的表 2-1 已经列出了这些组件及其输入和输出格式，这里不再赘述。

图 4-1 展示了不同组件与 Runnable 对象接口之间的关系。

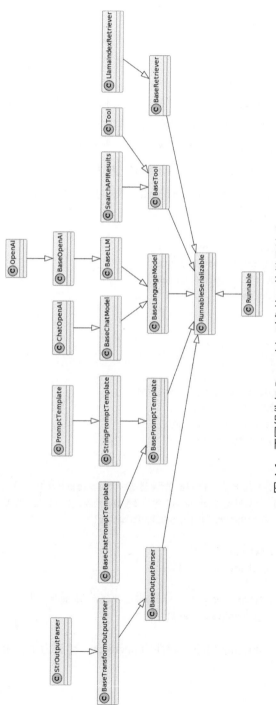

图 4-1 不同组件与 Runnable 对象接口的继承关系

下面我们将围绕这些关键组件对 Runnable 对象接口进行深入了解。

4.2.1 schema

所有继承 Runnable 对象的组件都需要接收特定格式的输入，这被称为输入模式（input schema）。为了帮助开发者了解每个组件所需的具体输入模式，LangChain 提供了一个基于 Pydantic 的动态生成模型，这个模型详细描述了输入数据的结构，包括必需的字段及其数据类型。开发者可以通过调用 Pydantic 模型的 .schema() 方法来获取输入模式的 JSON Schema 表示。这种表示形式为开发者提供了一个结构化的视图，使得理解和实现正确的输入格式变得简单直观，这里以 Prompt 组件为例：

```python
from langchain.chat_models import ChatOpenAI
from langchain.prompts import PromptTemplate
from langchain.schema import StrOutputParser
from dotenv import load_dotenv

# 加载环境变量
load_dotenv()

def test():
    # 创建一个 PromptTemplate 实例，用于生成提示词
    # 这里的模板是为生产特定产品的公司取名
    prompt = PromptTemplate.from_template(
        "给生产 {product} 的公司取一个名字。"
    )

    # 创建 Runnable 序列，包括上述提示模板、聊天模型和字符串输出解析器
    # 这条链首先生成提示词，然后通过 ChatOpenAI 聊天模型进行处理，最后通过 StrOutputParser 转换成字符串
    runnable = prompt | ChatOpenAI() | StrOutputParser()

    # 打印输入模式的 JSON Schema
    print(runnable.input_schema.schema())

    # 打印输出模式的 JSON Schema。这说明了 Runnable 执行后的输出数据结构
    print(runnable.output_schema.schema())
```

输入内容为一个 PromptInput 对象，属性为 product，类型为字符串：

```
{
'title': 'PromptInput',
```

```
'type': 'object',
'properties': {
 'product': {
   'title': 'Product',
   'type': 'string'
 }
}
}
```

输出内容格式化过程和输入同理，下面为一个 StrOutputParserOutput 对象，输出结果类型是字符串：

```
{'title': 'StrOutputParserOutput', 'type': 'string'}
```

4.2.2 invoke

LangChain 的 invoke 接口是一个核心功能，它是一个标准化的方法，用于与不同的语言模型进行交互。这个接口的主要作用是向语言模型发送输入（问题或命令），并获取模型的响应（回答或输出）。

在具体的使用场景中，你可以通过 invoke 方法向模型提出具体的问题或请求，该方法将返回模型生成的回答。这个接口的统一性使得 LangChain 能够以一致的方式访问不同的语言模型，无论它们背后的具体实现如何。示例代码如下：

```
from langchain.llms import OpenAI
# 初始化一个语言模型实例
model = OpenAI()
# 使用 invoke 方法向模型发送问题
response = model.invoke("什么是机器学习？")
# 打印出模型的回答
print(response)
```

ainvoke 方法是异步版本的 invoke，它利用 asyncio 库中的 run_in_executor 方法在一个单独的线程中运行 invoke 方法，以实现非阻塞调用。这种方法常用于将传统的同步代码（阻塞调用）转换为异步调用，从而提高程序的响应性和并发性能。这种实现方式适用于 LangChain 中的多个组件，比如，在 Tool 类中，ainvoke 作为默认实现，支持异步代码的使用，它通过在一个线程中调用 invoke 方法，使得函数可以在工具被调用时运行。以下是方法声明：

```python
async def ainvoke(
    self, input: Input, config: Optional[RunnableConfig] = None, **kwargs: Any
) -> Output:
    # 使用 asyncio.get_running_loop 获取当前运行的事件循环
    # asyncio 是 Python 的内置库, 用于编写单线程的并发代码
    # run_in_executor 方法允许你在一个单独的线程中运行一个阻塞的函数调用
    return await asyncio.get_running_loop().run_in_executor(
        # 第一个参数 None 表示使用默认的 executor, 即默认的线程池
        None,
        # 第二个参数是一个使用 functools.partial 创建的函数
        # partial 允许你预先设置函数的一些参数
        # 这里预先设置了 self.invoke 方法, 并传递了任意的关键字参数(**kwargs)
        partial(self.invoke, **kwargs),
        # 后续的参数 input 和 config 将被传递给 partial 函数
        input, config
    )
```

4.2.3 stream

LangChain 的 stream 接口提供了一种流式处理机制, 它允许在处理过程中实时返回数据, 无须等待整个数据处理流程完成。这种特性在处理大量数据或需要即时反馈的应用场景中尤为关键。

```python
from langchain.chat_models import ChatOpenAI
from langchain.prompts import PromptTemplate
from dotenv import load_dotenv

# 加载环境变量
load_dotenv()

def test():
    # 初始化 ChatOpenAI 模型实例
    # 这个模型用于处理聊天或对话类的语言生成任务
    model = ChatOpenAI()

    # 创建一个 PromptTemplate 实例
    # 这里的模板用于生成一个故事, 其中故事类型由变量 {story_type} 决定
    prompt = PromptTemplate.from_template(
        "讲一个 {story_type} 的故事。"
    )
```

```
# 创建一条处理链（Runnable），包含上述提示模板和 ChatOpenAI 聊天模型
# 这条链将使用 PromptTemplate 生成提示词，然后通过 ChatOpenAI 模型进行处理
runnable = prompt | model

# 使用流式处理生成故事
# 这里传入的 story_type 为 "悲伤"，模型将根据这个类型生成一个悲伤的故事
# 这个方法返回一个迭代器，可以逐步获取模型生成的每个部分
for s in runnable.stream({"story_type": "悲伤"}):
    # 打印每个生成的部分，end="" 确保输出连续，无额外换行
    print(s.content, end="", flush=True)
```

像上面这种场景，用户期望的输出内容是篇幅较长的故事，为了不让用户等待太久，就可以利用 stream 接口实时输出。

astream 方法是异步版本的 stream，astream 的默认实现调用了 ainvoke，以下是方法声明：

```
async def astream(
        self,
        input: Input,
        config: Optional[RunnableConfig] = None,
        **kwargs: Optional[Any],
) -> AsyncIterator[Output]:
    # 使用 await 关键字调用 ainvoke 方法
    # ainvoke 是一个异步方法，它接收相同的输入和配置参数，并返回一个输出
    # **kwargs 是一个关键字参数字典，它将所有额外的参数传递给 ainvoke
    yield await self.ainvoke(input, config, **kwargs)
```

astream 函数是一个异步生成器（AsyncGenerator），它使用 yield 语句产生从 ainvoke 方法返回的结果。这种设计模式使得函数能够以流的形式逐步产生输出，而不是一次性返回所有结果。这对于处理需要逐步获取结果的长时间运行的任务特别有用，例如，在处理大模型生成的文本时，可以逐段获取输出，而不必等待整个文本生成完毕。

4.2.4 batch

LangChain 的 batch 方法是一种高效的批处理功能，它允许同时处理多个输入。当调用 batch 方法时，首先会检查输入是否存在。如果输入为空，batch 方法会直接返回一个空列表。接着，根据输入的数量，batch 方法会创建一个配置列表，并定义一个局部函数 invoke 来处理单个输入。最后，利用执行器（executor）并行处理这些输入，从而显著提高处理效率。对于单个输入的情况，batch 方法会直接调用 invoke 函数进行处理。这种批处理方式在处理大量请求时特别高效，因为它能够充分利用并行处理的优势，大幅提高整体性能。

```python
def batch(
    self,
    inputs: List[Input],
    config: Optional[Union[RunnableConfig, List[RunnableConfig]]] = None,
    *,
    return_exceptions: bool = False,
    **kwargs: Optional[Any],
) -> List[Output]:
    """
    默认的批处理实现，它会调用 invoke 方法 N 次。
    如果子类能够更高效地实现批处理，应该重写此方法。
    """
    if not inputs:
        return []  # 如果没有输入，返回空列表

    # 获取配置列表，用于每个输入
    configs = get_config_list(config, len(inputs))

    def invoke(input: Input, config: RunnableConfig) -> Union[Output, Exception]:
        # 如果需要返回异常，则尝试调用 invoke 并捕获异常
        if return_exceptions:
            try:
                return self.invoke(input, config, **kwargs)
            except Exception as e:
                return e
        else:
            # 正常调用 invoke 方法
            return self.invoke(input, config, **kwargs)

    # 如果只有一个输入，则无须使用执行器
    if len(inputs) == 1:
        return [invoke(inputs[0], configs[0])]

    # 使用执行器并行处理多个输入
    with get_executor_for_config(configs[0]) as executor:
        # 使用 executor.map 并行调用 invoke 方法
        # 将 inputs 和 configs 传递给 invoke
        # 返回执行结果列表
        return list(executor.map(invoke, inputs, configs))
```

abatch 方法是 batch 方法的异步版本，它同样处理多个输入，但所有的调用都是异步的，使用 gather_with_concurrency 函数并发执行所有的异步调用，并等待它们全部完成。

4.2.5　astream_log

astream_log 是 LangChain 中的一个异步方法，它支持流式处理并记录执行过程中的每一步变化。该方法利用 LogStreamCallbackHandler 创建一个日志流，允许开发者根据特定条件包含或排除某些类型的日志。通过异步迭代流式输出，astream_log 生成日志对象（RunLogPatch）或状态对象（RunLog），这些对象对于跟踪和分析 Runnable 组件的行为非常有帮助。这种方法使得开发者能够实时监控和理解 Runnable 组件的执行情况，从而更好地调试和优化 AI 应用。下面是关键代码及说明：

```python
async def astream_log(
    ...
    # 各种包含和排除条件
    include_names: Optional[Sequence[str]] = None,
    include_types: Optional[Sequence[str]] = None,
    include_tags: Optional[Sequence[str]] = None,
    exclude_names: Optional[Sequence[str]] = None,
    exclude_types: Optional[Sequence[str]] = None,
    exclude_tags: Optional[Sequence[str]] = None,
    **kwargs: Optional[Any],
) -> Union[AsyncIterator[RunLogPatch], AsyncIterator[RunLog]]:
    """
    实现一个异步流式日志记录功能
    """

    # 创建一个日志流处理器，用于处理日志
    stream = LogStreamCallbackHandler(
        # 各种参数设置
        auto_close=False,
        include_names=include_names,
        ...
    )

    # 设置回调
    config = config or {}
    callbacks = config.get("callbacks")
    if callbacks is None:
        config["callbacks"] = [stream]
    ...
    else:
        # 处理异常情况
        raise ValueError("Unexpected type for callbacks")
```

```
# 异步获取流式输出，并将其发送到日志流
async def consume_astream() -> None:
    ...

# 在任务中启动流式处理
task = asyncio.create_task(consume_astream())

try:
    # 从输出流中生成每一块
    if diff:
        async for log in stream:
            yield log
    else:
        state = RunLog(state=None)
        async for log in stream:
            state = state + log
            yield state
finally:
    # 等待任务完成
    try:
        await task
    except asyncio.CancelledError:
        pass
```

4.3 LCEL 高级特性

LCEL 的重要性不言而喻，本节将对它的高级特性进行详细拆解。

4.3.1 ConfigurableField

LCEL 允许为组件设置灵活的配置项，这些配置可以是简单的数值、字符串，也可以是复杂的结构，如字典或自定义对象。配置项的使用极大地增强了组件的灵活性和可定制性，主要体现在以下几个方面。首先，当组件需要根据不同情况调整行为时，ConfigurableField 可以传递相应的参数，使同一组件能够在不同环境或条件下以不同的方式运行。这为参数化组件行为提供了便利。其次，为了构建更加灵活和可扩展的处理链，ConfigurableField 支持组件行为可配置，以适应不同的数据输入或用户需求。最后，在进行资源密集型操作时，通过调整 ConfigurableField 中的性能相关参数，如内存使用量、并发级别等，可以在不牺牲功能的前提下优化性能。这些功能使得 LangChain 能够更好地满足多样化的应用需求，同时保持高效运行。

4.3.2　**RunnableLambda**

RunnableLambda 是 LCEL 中的一个抽象概念，用于将普通函数转换为与 LCEL 组件兼容的函数：

```
from langchain_core.runnables import RunnableLambda
def add(x):
    return x + x
def multiply(x):
    return x * 2
add_runnable = RunnableLambda(add)
multiply_runnable = RunnableLambda(multiply)
chain = add_runnable | multiply_runnable
# 输出 12
print(chain.invoke(3))
# 输出 16
print(chain.invoke(4))
```

上面的代码示例设计了 add 和 multiply 函数进行实验，意味着通过 RunnableLambda 能够轻松地将普通的 Python 函数集成到 LangChain 的处理链中。

4.3.3　**RunnableBranch**

RunnableBranch 是一种重要的路由机制，它用于决定在处理链的哪个环节执行哪个特定组件。这种机制允许根据输入数据或运行时状态动态选择不同的执行路径。例如，一个处理链可能会根据用户输入的不同，调用不同的语言模型或执行不同的数据处理步骤。这个机制主要适用于几个场景。首先，它可以实现自定义处理逻辑，在处理链中根据特定逻辑或条件，通过 RunnableBranch 分叉出不同的执行路径。其次，在需要根据用户输入或上下文动态生成内容的应用中，RunnableBranch 可以选择不同的内容生成策略。此外，RunnableBranch 还能通过为用户提供定制化的响应或内容来提升用户体验，它能根据用户的需求和行为动态调整处理链的行为，从而生成更加个性化的结果。

图 4-2 比较直观地展示了 RunnableBranch 的工作机制。输入流向一个决策节点 RunnableBranch，基于不同的用户输入或运行时状态，RunnableBranch 将决定流程向哪个方向继续。模型 A 和模型 B，以及数据处理步骤 X 和数据处理步骤 Y 表示根据输入和状态分叉出的不同路径，内容生成策略和定制化内容响应表示进一步的处理。

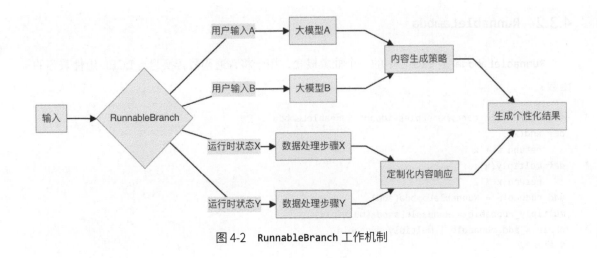

图 4-2 RunnableBranch 工作机制

4.3.4 RunnablePassthrough

LCEL 提供了强大的绑定功能，允许用户在处理链的特定步骤或整个链时绑定变量或值，从而简化数据在链各步骤之间的传递和共享。这种绑定机制在多种场景中特别实用。

- ❑ **数据传递与转换**：在需要确保数据在传递过程中保持不变的场景中，RunnablePassthrough 可以作为一个中继站，保证数据的完整性。
- ❑ **复杂处理链构建**：在构建复杂的处理链时，RunnablePassthrough 可以作为一个占位符，使得开发者可以在不影响链结构的情况下，后期再决定如何填充该步骤。
- ❑ **开发与调试**：在需要暂时跳过某个步骤以专注于其他部分的开发和调试时，RunnablePassthrough 可以用来临时替换步骤，而无须更改其他代码。
- ❑ **条件执行**：在需要根据特定条件决定是否执行某操作的场景中，RunnablePassthrough 可以根据条件决定是直接传递数据还是执行特定操作。

通过这些功能，RunnablePassthrough 不仅提高了数据处理的灵活性，还简化了开发和调试过程，使得构建和维护复杂的处理链变得更加高效。

4.3.5 RunnableParallel

RunnableParallel 是一种在 LangChain 中将单一输入应用于多个操作的机制，能够同时并行执行这些操作。这种并行执行方式与传统的顺序执行相比，在处理效率上有显著提升，特别是在处理大量数据或任务时。这个机制在几种场景下尤为适用。首先，在大规模数据处理场景中，如需要对大批量文本或查询执行相同操作，并行执行能够显著加快处理速度。其次，在用户交互密集的应用中，例如聊天机器人或在线问答系统，采用并行执行可以提升系统对多个用户请求的响应速度。最后，对于那些需要多步骤处理的复杂任务，可以将它们分解成多个子任务并并行执行，这样可以大幅缩短整体的处理时间。

下面是一个 RunnableParallel 和 RunnablePassthrough 结合使用的例子，问题 1 的输入经过 RunnableParallel 触发两个操作，一个操作用于检索和问题 1 相关的上下文，另一个操作用于和 RunnablePassthrough 传入的值组合出新的问题 2，整个流程如图 4-3 所示。

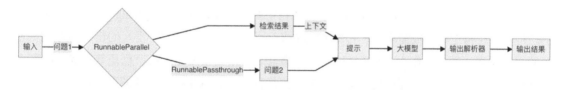

图 4-3　RunnableParallel 和 RunnablePassthrough 结合使用示例

4.3.6　容错机制

with_fallbacks 是 LCEL 中的一种错误处理机制，旨在应对处理链中某个环节的故障。当链中的某个组件（如语言模型、数据检索器或其他可执行组件）无法成功完成其任务时，with_fallbacks 允许链选择另一条路径继续执行，确保整个链的运行不会因为单个组件的故障而中断。这种机制在多个场景中都非常有用。首先，对于生产环境中的应用，确保连续稳定运行至关重要。通过配置 with_fallbacks，可以在原始组件遇到问题时迅速切换到备用方案，从而增强应用的整体可靠性和稳定性。其次，当处理具有不确定性或动态变化的数据时，原有的处理逻辑可能无法提供有效结果，with_fallbacks 可以在这种情况下提供一种安全网，确保即使最初的策略失败，也有其他方案可尝试。以下面的代码为例，llm 对象会在 baidu_llm 调用失败的时候自动选择 ali_llm：

```
baidu_llm = QianfanChatEndpoint(request_timeout=10)
ali_llm = ChatTongyi(max_retries=0)
llm = ali_llm.with_fallbacks([baidu_llm])
try:
    print(llm.invoke(" 鲁迅和周树人是同一个人吗？ "))
except LangChainException:
    print(" 执行失败 ")
```

```
try:
    print(ali_llm.invoke(" 鲁迅和周树人是同一个人吗？ "))
except LangChainException:
print("baidu_llm 执行成功 ")
```

4.4　Chain 接口

尽管 LangChain 表达式语言为构建链提供了强大和灵活的新方法，但传统的 Chain 接口依然具有不可替代的价值。首先，对于已经基于传统 Chain 接口构建的应用，继续使用这一接口可以确保项目的兼容性，无须重写代码，从而保证项目的稳定性。其次，传统 Chain 接口因其直观和易于理解的特性，在简单应用或小型项目中更为便捷，尤其适合 LangChain 新手快速上手。再者，在特定场景或需求下，传统 Chain 接口可能提供了 LCEL 所没有的特殊功能或更直接的解决方案。最后，作为 LangChain 的基础概念，理解传统 Chain 接口也是掌握其核心理念的有效途径。因此，专门探讨传统 Chain 接口在兼容性、易用性和特定场景下的适用性，对于开发者来说是非常有价值的。

4.4.1　Chain 接口调用

使用 Chain 接口运行链的 5 种方式如下：

```python
from langchain.prompts import PromptTemplate
from langchain.llms.openai import OpenAI
from langchain.chains import LLMChain
from dotenv import load_dotenv
# 加载环境变量
load_dotenv()

prompt_template = " 给生产 {product} 的公司取一个名字。"

llm = OpenAI(temperature=0)
llm_chain = LLMChain(
  llm=llm,
  prompt=PromptTemplate.from_template(prompt_template)
)
print(llm_chain(" 儿童玩具 "))
print(llm_chain.run(" 儿童玩具 "))
llm_chain.apply([{"product":" 儿童玩具 "}])
llm_chain.generate([{"product":" 儿童玩具 "}])
llm_chain.predict(product=" 儿童玩具 ")
```

4.4.2 自定义 Chain 实现

下面使用 LangChain 中提供的基本模块，结合提示模板和语言模型来创建一个自定义的处理链 MyCustomChain，它支持同步调用和异步调用，并通过回调管理器来记录链的运行信息：

```python
from typing import Any, Dict, List, Optional

from langchain.pydantic_v1 import Extra
from langchain.base_language import BaseLanguageModel
from langchain.callbacks.manager import (
    AsyncCallbackManagerForChainRun,
    CallbackManagerForChainRun,
)
from langchain.chains.base import Chain
from langchain.prompts.base import BasePromptTemplate

class MyCustomChain(Chain):
    # 定义链使用的提示模板和语言模型
    prompt: BasePromptTemplate
    llm: BaseLanguageModel
    output_key: str = "text"  # 输出的键，默认为 "text"

    class Config:
        extra = Extra.forbid  # 禁止添加未声明的属性
        arbitrary_types_allowed = True  # 允许使用任意类型的字段

    # 返回提示模板中定义的输入变量
    @property
    def input_keys(self) -> List[str]:
        return self.prompt.input_variables

    # 返回允许直接输出的键，这里只有一个 "text"
    @property
    def output_keys(self) -> List[str]:
        return [self.output_key]

    # 同步调用方法
    def _call(
        self,
        inputs: Dict[str, Any],
        run_manager: Optional[CallbackManagerForChainRun] = None,
    ) -> Dict[str, str]:
```

```
    # 使用提示模板和输入变量生成提示词
    prompt_value = self.prompt.format_prompt(**inputs)
    # 调用语言模型生成响应，并（可选地）使用回调管理器
    response = self.llm.generate_prompt(
        [prompt_value], callbacks=run_manager.get_child() if run_manager else None
    )
    # 如果存在回调管理器，记录运行日志
    if run_manager:
        run_manager.on_text("Log something about this run")

    # 返回包含生成文本的字典
    return {self.output_key: response.generations[0][0].text}


# 异步调用方法
async def _acall(
    self,
    inputs: Dict[str, Any],
    run_manager: Optional[AsyncCallbackManagerForChainRun] = None,
) -> Dict[str, str]:
    prompt_value = self.prompt.format_prompt(**inputs)
    # 异步调用语言模型生成响应
    response = await self.llm.agenerate_prompt(
        [prompt_value], callbacks=run_manager.get_child() if run_manager else None
    )
    # 如果存在回调管理器，记录运行日志
    if run_manager:
        await run_manager.on_text("Log something about this run")

    # 返回包含生成文本的字典
    return {self.output_key: response.generations[0][0].text}


# 返回自定义链的类型名称
@property
def _chain_type(self) -> str:
    return "my_custom_chain"
```

然后在代码中使用自定义链：

```
from langchain.prompts import PromptTemplate
from langchain.llms.openai import OpenAI

prompt_template = "给生产 {product} 的公司取一个名字。"
llm = OpenAI(temperature=0)
custom_chain = MyCustomChain(llm=llm, prompt=PromptTemplate.from_template(prompt_template))
print(custom_chain(" 杯子 "))
```

通过上面的例子可以发现，定制一个 Chain 非常容易，而 LangChain 贴心地内置了常用功能的 Chain，我们能够直接在自己的程序中引用。Chain 主要分为两种类型。

❑ **工具 Chain**：既能控制 Chain 的调用顺序，也能合并不同的 Chain。
❑ **专用 Chain**：和工具 Chain 相比，主要面向专用场景，可以和工具 Chain 组合起来使用，也可以直接使用。

4.4.3　工具 Chain

工具 Chain 的功能包括下面这些。

● **路由功能**

❑ RouterChain：LangChain 提供的一种用于路由的基础 Chain 类，根据不同的条件动态选择下一个要执行的 Chain。RouterChain 由两部分组成：RouterChain 本身（负责选择下一个要调用的 Chain），以及 destination_chains（RouterChain 可以路由到的目标 Chain）。
❑ LLMRouterChain：使用大模型来决定如何进行路由，它基于模型的输出来选择应该执行哪个 Chain。
❑ EmbeddingRouterChain：用嵌入向量和相似性在不同的目标 Chain 之间进行路由。
❑ MultiPromptChain：用于选择和提示词最相关的问答 Chain。它结合多种提示词，并根据给定问题选择最合适的提示词，然后使用该提示词发问。

● **顺序调用功能**

❑ SequentialChain：一个更通用的顺序链类，允许多个输入 / 输出。它使得链的每一步可以拥有多个独立的输入和输出，适用于更复杂的场景。
❑ SimpleSequentialChain：这是顺序链的最简单形式，每一步都有单一的输入 / 输出，链的每一步的输出直接成为下一步的输入。它适用于更简单的场景，如逐步处理或数据转换。

● **转换功能**

TransformChain：用于对输入数据进行转换，可以定义一个转换函数，该函数接收输入数据并返回转换后的数据。

了解完工具 Chain，下面看看专用 Chain。

4.5　专用 Chain

针对大模型的典型应用场景，LangChain 都做了封装，开箱即用。

4.5.1　对话场景

ConversationalRetrievalChain 的作用是结合大模型、向量存储（VectorStore）和对话历史存储（memory）来处理对话式的信息检索，它通过自然语言查询提出问题，并从预先加载的文档中检索相关信息。这种方法特别适用于对话式的问答系统，可以根据之前的对话上下文来增强答案的相关性和准确性。示例如下：

```python
def test_converstion():
    # 加载文档
    loader = TextLoader("./test.txt")
    documents = loader.load()
    # 将文档分割为较小的段落
    text_splitter = CharacterTextSplitter(chunk_size=1000, chunk_overlap=0)
    documents = text_splitter.split_documents(documents)
    # 使用 OpenAI 生成文档的嵌入
    embeddings = OpenAIEmbeddings()
    # 使用 Chroma 构建向量存储，便于后续检索
    vectorstore = Chroma.from_documents(documents, embeddings)
    # 设置对话历史存储
    memory = ConversationBufferMemory(memory_key="chat_history", return_messages=True)
    # 创建 ConversationalRetrievalChain 实例
    qa = ConversationalRetrievalChain.from_llm(OpenAI(temperature=0), vectorstore.as_retriever(),
                                               memory=memory)

    # 进行第一次查询
    query = "这本书包含哪些内容？"
    result = qa({"question": query})
    print(result)
    # 保存聊天历史，用于下一次查询
    chat_history = [(query, result["answer"])]
    # 进行第二次查询，包括之前的聊天历史
    query = "还有要补充的吗？"
    result = qa({"question": query, "chat_history": chat_history})
    print(result["answer"])
```

4.5.2　基于文档问答场景

RetrievalQA 是 LangChain 中用于结合文档检索和问答的链，它使用嵌入模型和文档搜索引擎来检索与查询相关的文档，快速找到准确信息。示例如下：

```python
def test_qa():
    # 加载文档
    loader = TextLoader("./test.txt")
    documents = loader.load()
    # 将文档分割为小块
    text_splitter = CharacterTextSplitter(chunk_size=1000, chunk_overlap=0)
    texts = text_splitter.split_documents(documents)
    # 使用 OpenAI 的嵌入模型
    embeddings = OpenAIEmbeddings()
    # 使用 Chroma 构建文档搜索索引
    docsearch = Chroma.from_documents(texts, embeddings)
    # 加载问答链
    qa_chain = load_qa_chain(OpenAI(temperature=0), chain_type="map_reduce")
    # 创建 RetrievalQA 实例
    qa = RetrievalQA(combine_documents_chain=qa_chain, retriever=docsearch.as_retriever())
    # 运行问答系统
    qa.run("LangChain 支持哪些编程语言？")
```

4.5.3　数据库问答场景

SQLDatabaseChain 是 LangChain 提供的一种特殊类型的 Chain，通过结合大模型和 SQL 数据库，它能够解析自然语言查询，并将其转换为 SQL 语句以执行数据库查询，它还具有查询检查功能，可以在执行查询前验证和检查生成的 SQL 语句，确保安全性和准确性。示例如下：

```python
# 测试数据库链的功能
def test_db_chain():
    # 创建一个 SQL 数据库实例，连接到 SQLite 数据库
    db = SQLDatabase.from_uri("sqlite:///../user.db")

    # 创建一个 OpenAI 的 LLM 实例，设置温度参数和详细模式
    llm = OpenAI(temperature=0, verbose=True)

    # 创建 SQLDatabaseChain 实例，结合 LLM 和数据库，开启详细模式和查询检查器
    db_chain = SQLDatabaseChain.from_llm(llm, db, verbose=True, use_query_checker=True)

    # 运行链并发起查询："有多少用户？"
    db_chain.run("有多少用户？")
```

4.5.4　API 查询场景

APIChain 允许将大模型的理解能力与外部 API 的功能结合，它通过自然语言理解生成 API 查询，使得应用程序能够以更直观的方式与外部服务进行交互。下面的例子中，APIChain 结合了模型的自然语言处理能力和播客 API 的搜索功能，实现了基于自然语言的播客内容搜索：

```
LISTENNOTES_API_KEY = os.environ.get("LISTENNOTES_API_KEY")
# 创建 OpenAI 模型实例，并设置温度参数为 0。设置播客 API 的访问密钥
llm = OpenAI(temperature=0)
headers = {"X-ListenAPI-Key": LISTENNOTES_API_KEY}
chain = APIChain.from_llm_and_api_docs(llm, podcast_docs.PODCAST_DOCS, headers=headers,
                                       verbose=True)
# 使用 chain.run 方法执行 APIChain，传入自然语言查询，搜索关于 ChatGPT 的节目，要求时长超过 30 分钟，
# 且只返回一条结果
chain.run(" 搜索关于 ChatGPT 的节目，要求时长超过 30 分钟，只返回一条结果 ")
```

4.5.5　文本总结场景

```
def test_summary():
    text_splitter = CharacterTextSplitter()
    # 读取文件中的文本内容
    with open("./test.txt") as f:
        state_of_the_union = f.read()
    # 利用文本分割器将长文本分割成更小的部分
    texts = text_splitter.split_text(state_of_the_union)
    # 将每段文本转换为 Document 对象
    docs = [Document(page_content=t) for t in texts[:3]]
    # 使用 load_summarize_chain 函数加载摘要处理链
    chain = load_summarize_chain(OpenAI(temperature=0), chain_type="map_reduce")
    chain.run(docs)
```

load_summarize_chain 调用实际上返回了一个名为 BaseCombineDocumentsChain 的对象。这个对象提供了 4 种模式：StuffDocumentsChain、RefineDocumentsChain、MapReduceDocumentsChain 和 MapRerankDocumentsChain，它们以不同的方式处理文档的组合，对于涉及多个文档的任务特别有用。例如，这些模式可以用于展示问题答案的引用来源或生成文档摘要等场景。下一章将深入探讨这些模式的具体用例和工作原理，以便大家更好地理解它们在实际应用中的作用。

在本章中，我们深入了解了 LangChain 中至关重要的链模块。接下来，我们将转向检索增强生成领域，这是一个由于大模型广泛应用而兴起的热门技术赛道，我们将探讨这一领域的最新进展和应用。

## 第 5 章

RAG

尽管大模型对世界有着广泛的认识，但它们并非全知全能。由于训练这些模型需要耗费大量时间，因此它们所依赖的数据可能已经过时。此外，大模型虽然能够理解互联网上的通用事实，但往往缺乏对特定领域或企业专有数据的了解，而这些数据对于构建基于 AI 的应用至关重要。

在大模型出现之前，微调（fine-tuning）是一种常用的扩展模型能力的方法。然而，随着模型规模的扩大和训练数据量的增加，微调变得越来越不适用于大多数情况，除非需要模型以指定风格进行交流或充当领域专家的角色，一个显著的例子是 OpenAI 将补全模型 GPT-3.5 改进为新的聊天模型 ChatGPT，微调效果出色。微调不仅需要大量的高质量数据，还消耗巨大的计算资源和时间，这对于许多个人和企业用户来说是昂贵且稀缺的资源。

因此，研究如何有效地利用专有数据来辅助大模型生成内容，成为了学术界和工业界的一个重要领域。这不仅能够提高模型的实用性，还能够减轻对微调的依赖，使得 AI 应用更加高效和经济。

5.1　RAG 技术概述

本章将详细介绍检索增强生成（retrieval-augmented generation，RAG）技术，这种技术基于提示词，最早由 Facebook AI 研究机构（FAIR）与其合作者于 2021 年发布的论文 "Retrieval-Augmented Generation for Knowledge-Intensive NLP Tasks" 中提出，RAG 的作用是帮助模型查找外部信息以改善其响应。RAG 技术十分强大，它已经被必应搜索、百度搜索以及其他大公司的产品所采用，旨在将最新的数据融入其模型。在没有大量新数据、预算有限或时间紧张的情况下，这种方法也能取得不错的效果，而且它的原理足够简单。RAG 结合了检索（从大型文档系统中获取相关文档片段）和生成（模型使用这些片段中的信息生成答案）两部分，主要在以下三方面弥补了大模型的一些缺陷。

- ❑ **知识更新**：大型预训练语言模型在训练数据停止更新后，其知识也会停止更新。RAG 通过在生成过程中实时检索最新的文档或信息，来提供更加准确和时效性强的回答。
- ❑ **引用外部数据**：传统的生成模型仅能依赖其训练数据中的知识。RAG 通过检索外部数据源，能够引用模型训练数据之外的信息。
- ❑ **提高准确性**：模型在生成回答时，RAG 技术能够利用检索到的文档来提高回答的准确性。

检索增强生成技术在具体实现方式上可能有所变化，但在概念层面，将其融入应用通常包括以下几个步骤，如图 5-1 所示。

(1) 用户提交一个问题。

(2) RAG 系统搜索可能回答这个问题的相关文档。这些文档通常包含了专有数据，并被存储在某种形式的文档索引里。

(3) RAG 系统构建一个提示词，它结合了用户输入、相关文档以及对大模型的提示词，引导其使用相关文档来回答用户的问题。

(4) RAG 系统将这个提示词发送给大模型。

(5) 大模型基于提供的上下文返回对用户问题的回答，这就是系统的输出结果。

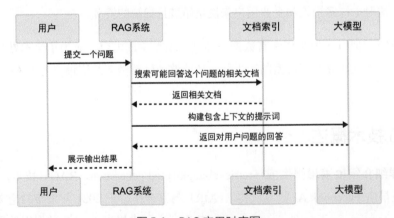

图 5-1　RAG 应用时序图

在实际的生产环境中，通常会面对来自多种渠道的数据，其中很大一部分是复杂的非结构化数据，处理这些数据，特别是提取和预处理，往往是最耗费精力的任务之一。社区开发者们意识到了这个挑战，因此 LangChain 提供了专门的文档加载和分割模块。RAG 技术的每个阶段都在 LangChain 中得到完整的实现。接下来，我们一起深入探索 LangChain 中的 RAG 组件，看看用它如何实现一个典型的知识问答应用，如图 5-2 所示。

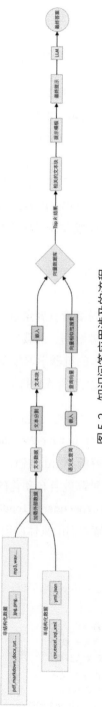

图 5-2　知识问答应用涉及的流程

5.2 LangChain 中的 RAG 组件

在 LangChain 中，RAG 的实现涉及一系列组件，它们共同协作以实现整个功能。

- ❑ **加载器**：用于数据提取环节，负责从外部数据源（如 PDF、网页、Word 文件等）提取数据。
- ❑ **分割器**：用于数据预处理环节，将提取的原始数据分割成较小的文本块，便于后续处理。
- ❑ **文本嵌入模型**：用于嵌入环节，将分割后的文本块转换为向量，以便进行高效的信息检索。
- ❑ **索引**：创建向量索引，以加快查询速度，存储文本块的向量表示。
- ❑ **检索器**：用于检索环节，根据一个非结构化的查询返回匹配的文档。
- ❑ **LLM 归纳生成**：大模型结合查询问题和检索到的文档，生成答案。

5.2.1 加载器

在 LangChain 中，加载器（loader）扮演着重要角色。这些组件专门用于从多样化的数据源（如数据库、API 或文件系统）加载和处理数据。加载器的主要任务是读取数据，并将其转换为适合模型处理的格式。例如，在基于文本的机器学习模型中，加载器可以从文本文件中提取数据，进行必要的清洗和预处理（如去除无关字符或进行分词），再转换成模型可以解析的形式。

LangChain 中的加载器功能丰富，针对不同类型的数据格式提供了相应的处理逻辑。例如，`PyMuPDFLoader` 用于提取 PDF 文件，`UnstructuredMarkdownLoader` 用于处理 Markdown 文件，`UnstructuredWordDocumentLoader` 用于解析 Word 文档，`UnstructuredURLLoader` 则用于提取网页内容。这些组件的核心目标是提供一种高效且自动化的方式，以便于数据处理和模型训练环节顺利进行。在 LangChain 的 `langchain/document_loaders/__init__.py` 路径下，可以找到其支持的所有数据加载器类型，进一步了解它们的具体应用和功能：

```
...
"TextLoader",  # 常规文本加载
"TomlLoader",  # TOML 格式内容加载
"TrelloLoader",  # Trello 软件内容加载
"UnstructuredCSVLoader",  # CSV 格式内容加载
"UnstructuredEPubLoader",  # EPUB 格式内容加载
"UnstructuredExcelLoader",  # Excel 格式内容加载
"UnstructuredHTMLLoader",  # HTML 格式内容加载
"UnstructuredImageLoader",  # 图像格式内容加载
```

```
"UnstructuredMarkdownLoader", # Markdown 格式内容加载
"UnstructuredPDFLoader",    # PDF 格式内容加载
"UnstructuredPowerPointLoader", # PPT 格式内容加载
"UnstructuredXMLLoader", # XML 格式内容加载
...
```

下面以提取 Web 内容的 UnstructuredURLLoader 为例说明提取的重要元数据：

```
from langchain.document_loaders import UnstructuredURLLoader
def test():
    # 从远程 URL 中使用 Unstructured 加载文件
    # elements 模式，表示非结构化库将文档拆分为标题和叙述文本等元素
    loader = UnstructuredURLLoader(
        urls=["https://www.baidu.com"], mode="elements", strategy="fast",
    )
    docs = loader.load()
    print(docs)
```

返回的元数据结果中包含文件类型 filetype、关联链接 link_urls、链接文本 link_texts 等。根据文件格式的不同，提取的关键元数据也不一样，比如从 PDF 文件中提取文件名、时间、章节标题等信息。这么强大的解析功能，得益于 load 方法的实现，提供了灵活的可扩展性。

```
[Document(page_content=' 新闻 ', metadata={'filetype': 'text/html', 'category_depth': 0,
'languages': ['vie'], 'page_number': 1, 'url': 'https://www.baidu.com', 'link_urls':
['http://news.baidu.com'], 'link_texts': [' 新闻 '], 'category': 'Title'}), Document(page_
content=' 地图 ', metadata={'filetype': 'text/html', 'category_depth': 0, 'languages':
['vie'], 'page_number': 1, 'url': 'https://www.baidu.com', 'link_urls': ['http://map.
baidu.com'], 'link_texts': [' 地图 '], 'category': 'Title'}), Document(page_content=' 贴吧 ',
metadata={'filetype': 'text/html', 'category_depth': 0, 'languages': ['vie'], 'page_number':
1, 'url': 'https://www.baidu.com', 'link_urls': ['http://tieba.baidu.com'], 'link_texts':
[' 贴吧 '], 'category': 'Title'}), Document(page_content=' 登录 ', metadata={'filetype': 'text/
html', 'category_depth': 0, 'languages': ['vie'], 'page_number': 1, 'url': 'https://www.
baidu.com', 'link_urls': ['http://www.baidu.com/bdorz/login.gif?login&tpl=mn&u=http%3A%2F%2F
www.baidu.com%2f%3fbdorz_come%3d1'], 'link_texts': [' 登录 '], 'category': 'Title'})
...]
```

5.2.2 分割器

在 LangChain 中，分割器（splitter）是一个专门用于处理长文本的组件。在自然语言处理（NLP）和机器学习领域，直接处理大型文档既复杂又耗费计算资源，而分割器可以将长文本划分为更小、更易于处理的单元。分割器的主要功能如下。

- ❏ **句子拆分**：将文本拆分成独立的句子。这对于需要在句子层面进行分析的任务（例如情感分析或句子分类）至关重要。
- ❏ **段落拆分**：按段落分割文本，这在处理长篇文章或需要理解文本结构的任务中特别有效。
- ❏ **分页处理**：在处理长文档（如书或报告）时，分割器能够根据页面或章节进行分割，使得文档更易于管理和分析。

1. 固定大小的分块方式

在 LangChain 中，固定大小分块是一种常用的文本处理方法，它根据嵌入模型的特性，通常选择 256 或 512 个 token 作为分块的大小。为了确保文本的语义连贯性，分块之间会有一定的重叠区域，防止重要信息在分块时丢失。例如，句子"我们明天晚上应该去踢场球"可能会被分为"我们明天晚上应该"和"去踢场球"两部分，这样的分割在文本检索时可能导致信息不完整。为了解决这个问题，可以在每个分块中保留一定的冗余内容。例如，在 512 个 token 的分块中，实际上只处理 480 个 token，同时保留相邻分块的一部分内容。这种策略有助于在分块时保持文本的整体意义，确保在后续的文本处理和检索任务中，关键信息不会被遗漏。

与其他类型的文本分块方法相比，固定大小分块具有计算成本低、简单易用的优势，而且不需要依赖其他自然语言处理库。这使得它成为处理大量文本时的理想选择。以下示例展示了如何在 LangChain 中执行固定大小的文本分块：

```
text = "..." # 你的文本
from langchain.text_splitter import CharacterTextSplitter
# 将文本拆分为固定大小为 512 个 token 的字符块，重叠部分为 32 个 token
text_splitter = CharacterTextSplitter(
    chunk_size = 512,
    chunk_overlap  = 32
)
docs = text_splitter.split_text(text)
```

2. 基于意图的分块方式

在 LangChain 中，为了优化嵌入模型的处理，通常推荐在句子级别对文本进行分割。尽管存在多种句子分割方法，但每种方法都有其特点和局限性。最简单的方法是利用句号和换行符进行分割。这种方法速度快，适用于格式规整的文本，但它可能无法有效处理所有的边界情况。例如，它可能无法正确分割带有缩写、引号或特殊标点符号的句子。

使用自然语言处理工具包，如 NLTK 或 spaCy，可以进行更精确的句子分割。这些工具包能够识别复杂的文本结构，在面对缩写、直接引语和复合句时也能保持准确性。

在实际应用中，开发者应根据文本的复杂性和所需的精确度选择合适的句子分割方法。对于需要高精度分割的场景，使用专业的 NLP 工具包通常是更好的选择。

● **句子分块**

```
text = "..." # 你的文本
from langchain.text_splitter import CharacterTextSplitter
# 使用换行符来切分
text_splitter = CharacterTextSplitter(separator = "\n")
docs = text_splitter.split_text(text)
```

● **NLTK**

NLTK 是一个流行的用于处理自然语言数据的 Python 库。它提供了一个分割器，可以将文本分割为句子，创建更有意义的分块。

```
text = "..." # 你的文本
from langchain.text_splitter import NLTKTextSplitter
# NLTK 的分割器在后台将文本分割成句子
text_splitter = NLTKTextSplitter()
docs = text_splitter.split_text(text)
```

● **spaCy**

spaCy 是一个功能强大的用于自然语言处理任务的 Python 库。它提供了一种先进的句子分割功能，可以高效地将文本分割成独立的句子，生成的片段更好地保留了上下文。要在 LangChain 中使用 spaCy，可以执行以下操作：

```
text = "..." # 你的文本
from langchain.text_splitter import SpacyTextSplitter
# SpacyTextSplitter 使用 spaCy 模型将文本分割成句子，利用 spaCy 内置的句子分割功能
text_splitter = SpacyTextSplitter()
docs = text_splitter.split_text(text)
```

3. 递归分块

在 LangChain 中，递归分块是一种高级文本处理技术，它通过一系列分隔符，以分层和迭代的方式将长文本分割成更小、更易管理的块。这种方法的核心在于，如果初始切分未能达到预期的块大小或结构，系统会递归地应用不同的分隔符或判定标准来进一步切分文本。虽然这

样分割出的块大小可能不完全相同，但系统会努力保持它们之间的相似性。例如，对于一篇长文章，我们首先尝试按段落进行分割。如果某个段落长度超出了设定的最大块大小限制，递归分块过程会在该段落内部寻找次级分隔符，如句子或短语边界，来进一步细化切分。递归分块技术特别适合处理结构复杂或长度不一的文本，如学术论文和长篇报告，它能够确保文本的语义连贯性，同时提高处理效率。代码示例如下：

```
text = "..." # 你的文本
from langchain.text_splitter import RecursiveCharacterTextSplitter
# RecursiveCharacterTextSplitter 尝试按照一系列分隔符的顺序递归地拆分文本，直到块足够小
text_splitter = RecursiveCharacterTextSplitter(
    chunk_size = 256,
    chunk_overlap  = 20
)
# 这将返回一系列大小接近（但不完全相同）的文本块
docs = text_splitter.create_documents([text])
```

4. 特殊文档分块

对于特定格式的文本（如 Markdown 和 LaTeX），LangChain 提供了专门的分块方法，以保留内容的原始结构和格式。这些分块方法针对文本的结构化特征进行优化，从而更有效地管理和处理数据。

□ Markdown 分块：Markdown 分块技术利用 Markdown 的轻量级标记语言特性，通过识别特定的语法元素（如标题、列表和代码块）来实现智能文本分割。这种方法不仅保留了原始 Markdown 文档的结构，还增强了文本块之间的语义连贯性。例如，一个长篇的 Markdown 文档可以根据其标题层次分割成多个部分，每个部分对应一个主要章节或子章节。这样的分块策略有助于在后续的文本处理和分析中保持内容的完整性和逻辑性。

```
from langchain.text_splitter import MarkdownTextSplitter
# 假设 markdown_text 是要处理的 Markdown 格式文本
markdown_text = "..."
# MarkdownTextSplitter 会将指定标题级别之间的内容分割成块
markdown_splitter = MarkdownTextSplitter(chunk_size=100, chunk_overlap=0)
# 这将返回按标题和子标题分割的文本块列表：
docs = markdown_splitter.create_documents([markdown_text])
```

□ LaTex 分块：LaTeX 是一种常用于学术论文和技术文档的文档准备系统和标记语言。该分块方法可以识别和利用 LaTeX 的文档结构，如章节、子章节和公式，按自然段落或章节边界拆分 LaTeX 文档，方便后续的内容分析和处理。

```
from langchain.text_splitter import LatexTextSplitter
latex_text = "..."
# LatexTextSplitter 在拆分时保留了 LaTeX 文档的语义结构
latex_splitter = LatexTextSplitter()
docs = latex_splitter.create_documents([latex_text])
```

5. 影响分块策略的因素

注：这部分内容参考了 Pinecone（一家向量数据库服务厂商）的博客文章"Chunking Strategies for LLM Applications"。

在 LangChain 中，选择合适的文本分块策略对于优化处理流程至关重要。以下是几个关键因素，它们决定了分块策略的选择。

- ❑ **文本类型和长度**：文本的类型（如文章、书、微博或即时消息）和长度会影响分块策略。长篇文档可能需要更复杂的分块，而短篇内容可能只需要简单的分块。
- ❑ **嵌入模型**：根据数据类型选择合适的嵌入模型。例如，sentence-transformers 在处理单个句子时表现良好，而 text-embedding-ada-002 等模型更适合处理较大的分块。
- ❑ **查询文本的长度和复杂度**：分块的大小应与查询文本的长度相匹配，以增强查询内容与分块之间的相关性，这对于提高检索效率非常重要。
- ❑ **应用场景**：不同的应用场景（如检索、问答或摘要）会影响分块策略的选择。例如，如果结果需要输入有上下文窗口限制的语言模型中，分块大小就需要做相应调整。

综合考虑这些因素，可以确保文本分块策略既高效又适合特定的应用需求。

6. 评估分块的性能

分块策略的选择对保持上下文相关性和提高结果准确性至关重要。通过实验来评估不同块大小的性能是一种常见的做法。

- ❑ **块大小的选择**：较小的块（如 128 或 256 个 token）有助于捕捉文本中的细粒度语义信息，而较大的块（如 512 或 1024 个 token）则能够保留更多的上下文信息，这对于理解长距离的依赖关系尤为重要。
- ❑ **性能评估**：为了评估不同块大小的效果，可以在真实数据集上创建多个索引，每个索引对应一种块大小，然后通过运行一系列查询来比较不同块大小的性能。这种方法可以帮助开发者理解在特定应用场景下，哪种块大小能够提供最佳的检索效果。

□ **迭代过程**：确定最优块大小是一个迭代过程，可能需要多次调整和测试。通过比较不同块大小的检索结果，可以找到最能准确反映用户查询意图的配置。

□ **考虑因素**：在选择分块策略时，还需要考虑其他因素，如模型的计算资源、检索效率，以及应用的具体需求。例如，对于需要快速响应的应用，可能需要选择较小的块以减少计算时间；而对于需要深入理解复杂上下文的应用，则可能需要较大的块。

通过这样的实验和迭代，开发者可以找到最适合其应用场景的分块策略，以确保检索结果的准确性和效率。

5.2.3 文本嵌入

1. 什么是嵌入

向量是一种具有方向和长度的量，它可以通过数学中的坐标系来表示。例如，在二维坐标系中，向量可以表示平面上的一个点；在三维坐标系中，向量则表示空间中的一个点。在机器学习领域，向量常用于表示数据的特征，使得数据的模式和趋势可以被量化和分析。

嵌入技术是一种将高维的离散数据（例如文本）映射到低维连续向量空间的方法。这种映射保留了数据之间的语义关系，使得机器学习模型能够更容易地理解和处理这些数据。通过嵌入，我们可以将复杂的文本信息转换为计算机可以处理的数值形式，从而在各种机器学习和深度学习任务中实现有效的特征表示。

例如：

"机器学习"表示为 [1,2,3]

"深度学习"表示为 [2,3,3]

"英雄联盟"表示为 [9,1,3]

使用余弦相似度（一种用于衡量向量之间相似度的指标，可表示词嵌入之间的相似度）来判断文本之间的距离。

"机器学习"与"深度学习"的距离为：

$$\cos \Theta_1 = \frac{1 \times 2 + 2 \times 3 + 3 \times 3}{\sqrt{1^2 + 2^2 + 3^2} \sqrt{2^2 + 3^2 + 3^2}} \approx 0.97$$

"机器学习"与"英雄联盟"的距离为：

$$\cos\varTheta_2 = \frac{1 \times 9 + 2 \times 1 + 3 \times 3}{\sqrt{1^2 + 2^2 + 3^2}\sqrt{9^2 + 1^2 + 3^2}} \approx 0.56$$

"机器学习"与"深度学习"两个文本之间的余弦相似度更高，表示它们在语义上更相似。

将文本、图像、音频和视频等多模态数据转化为计算机可以理解的格式，即向量矩阵，是实现高效检索的关键步骤。在这个过程中，文本嵌入模型的质量对于检索结果的相关度有着直接的影响。一般可以选择的嵌入模型有下面这些。

- ❑ BGE：国内的中文嵌入模型，在 Hugging Face 的 MTEB（海量文本 embedding 基准）上排名前 2。
- ❑ 通义千问的嵌入模型：1500+ 维的模型，由阿里巴巴训练。
- ❑ text-embedding-ada-002：OpenAI 公司训练的嵌入模型，1536 维，效果非常出色。
- ❑ 自训练嵌入模型：根据自己领域的专业数据训练一个嵌入模型，可以有效提升性能。

嵌入内容时，对象是短句（如句子）还是长句（如段落或完整文档）会产生不同的效果。当对句子进行嵌入时，生成的向量会集中于句子的具体含义，这也意味着嵌入可能会丢失段落或文档中更广泛的上下文信息；当对段落或完整的文档进行嵌入时，嵌入过程会考虑整体上下文以及段落中句子和短语之间的关系，这样做可以生成更全面的向量表示，从而捕捉文本的更广泛含义，而处理较大的输入文本可能引入噪声，淡化个别句子或短语的重要性，这样在查询索引时更难找到精确匹配。

查询长度也会影响嵌入之间的关系。较短的查询（例如单个句子或短语）将集中于特定细节，可能更适合与句子级别的嵌入匹配；跨越多个句子或段落的较长查询可能更适合与段落或文档级别的嵌入匹配，因为它可能在寻找更广泛的上下文或主题。

假设有一篇关于苹果公司的长文章，其中包括了它的历史、产品和文化等多个方面的信息，以下是这篇文章的一部分：

苹果公司成立于 1976 年，由史蒂夫·乔布斯、史蒂夫·沃兹尼亚克和罗纳德·韦恩共同创立。最初，公司主要专注于个人电脑的开发和销售。1984 年，苹果推出了革命性的 Macintosh 电脑，标志着个人电脑时代的开始。

随着时间的推移，苹果逐渐扩展其产品线，推出包括 iPod、iPhone 和 iPad 等一系列广受欢迎的消费电子产品。iPhone 的推出尤其具有划时代的意义，它不仅改变了手机行业，也推动了整个移动互联网的发展。

苹果公司的文化强调创新和完美，这种文化深深地影响了其产品的设计和开发。乔布斯对产品细节的执着和对设计美学的追求，成为了苹果产品的一大特点。

- 简短查询

"苹果公司是什么时候成立的？"

这是一个非常具体的问题，可以直接从文章的"苹果公司成立于 1976 年"这句话中找到答案。如果将整篇文章转化为向量进行搜索，这种短小而具体的查询可能会在长文本中显得不够突出，因为长文本中包含了大量其他信息；但如果对文章进行分句，然后将每个句子单独转化为向量进行搜索，这个简短的查询就能更准确地匹配到"苹果公司成立于 1976 年"这个句子。

- 长查询

"讲讲苹果公司的文化和它是怎样影响产品设计的。"

这个查询需要用到文章中关于"苹果公司文化"和"产品设计影响"的部分。这部分内容跨越了几个句子，并需要理解整个段落的上下文来提供完整的答案。如果对整篇文章进行向量嵌入，这个长查询能更好地匹配到相关内容，因为长查询能够捕捉到文章中广泛的上下文。

搞清楚了嵌入的原理和技巧，接下来我们看看 LangChain 中是如何实现的。

2. 嵌入类

LangChain 中的 Embeddings 是一个与文本嵌入模型进行交互的类，这个类旨在为许多嵌入模型提供一个标准接口，如 OpenAI 的嵌入模型 text-embedding-ada-002、Hugging Face 上的中文嵌入模型 BGE 等。

在路径 langchain/embeddings/__init__.py 下可以查看 LangChain 中支持的嵌入模型接口：

```
"OpenAIEmbeddings",  # OpenAI 嵌入模型接口
"HuggingFaceEmbeddings",  # Hugging Face 嵌入模型接口
"CohereEmbeddings",  # Cohere 嵌入模型接口
"JinaEmbeddings", # 从 Jina 加载嵌入模型
```

```
"LlamaCppEmbeddings", # LLaMa 嵌入模型接口
"HuggingFaceHubEmbeddings", # 从 Hugging Face 社区加载嵌入模型
"ModelScopeEmbeddings", # 从魔搭社区加载嵌入模型
"TensorflowHubEmbeddings", # 从 TensorFlow Hub 加载嵌入模型
"SagemakerEndpointEmbeddings", # 通过亚马逊 Sagemaker 服务 API 加载嵌入模型
"SelfHostedEmbeddings", # 加载自托管的嵌入模型
...
```

每个嵌入模型类都实现了 embed_documents 方法用于文本嵌入，embed_query 方法用于查询嵌入内容。下面的例子显示了每个句子被嵌入为 1536 维的向量（长度为 1536 的浮点数数组）的过程：

```
def test_embedding():
    from langchain.embeddings import OpenAIEmbeddings
    # 实例化 OpenAI 嵌入模型接口
    embeddings_model = OpenAIEmbeddings()
    # 文本嵌入
    embeddings = embeddings_model.embed_documents(
    [
        "星际穿越：这是一部探讨宇宙奥秘，描述宇航员穿越虫洞寻找人类新家园的科幻电影",
        "阿甘正传：这部励志电影描述了一位智力有限但心灵纯净的男子，他意外地参与了多个历史重大事件",
        "泰坦尼克号：讲述了 1912 年泰坦尼克号沉船事故中，两位来自不同阶层的年轻人爱情故事的浪漫电影"
    ]
    )
    # 查询内容嵌入
    embedded_query = embeddings_model.embed_query("我想看一部关于宇宙探险的电影")
    print(len(embeddings), len(embeddings[0]), len(embedded_query))
```

3. 嵌入缓存

在处理嵌入向量时，复杂的数学计算过程需要大量的计算资源。为了提高处理效率并减少响应时间，一种常见的做法是使用缓存策略。这意味着可以将最近计算的或最频繁检索的嵌入向量保存在内存中，以便能够快速访问。

- ❑ **优点**：此方法显著提高了重复查询嵌入向量的响应速度。
- ❑ **缺点**：由于内存资源有限，不能缓存所有的嵌入向量，因此需要一个高效的缓存管理策略来确定哪些嵌入向量值得保留在缓存中。

在以下示例中，首次执行 test_cache 函数耗时约 2.122 秒：

```python
# 一个记录函数执行时间的装饰器
def timing_decorator(func):
    def wrapper(*args, **kwargs):
        start_time = time.time()
        result = func(*args, **kwargs)
        end_time = time.time()
        elapsed_time = end_time - start_time
        print(f"{func.__name__} 耗时 {elapsed_time} 秒")
        return result
    return wrapper


@timing_decorator
def test_cache():
    from langchain.storage import LocalFileStore
    from langchain.embeddings import OpenAIEmbeddings, CacheBackedEmbeddings
    underlying_embeddings = OpenAIEmbeddings()
    fs = LocalFileStore("./cache/")
    # 对已嵌入内容进行缓存
    cached_embedder = CacheBackedEmbeddings.from_bytes_store(
        underlying_embeddings, fs, namespace=underlying_embeddings.model
    )
    embeddings = cached_embedder.embed_documents(
    [
        "星际穿越：这是一部探讨宇宙奥秘，描述宇航员穿越虫洞寻找人类新家园的科幻电影",
        "阿甘正传：这部励志电影描述了一位智力有限但心灵纯净的男子，他意外地参与了多个历史重大事件"
    ]
    )
```

第二次执行 test_cache 耗时约 0.008 秒：

```python
print(list(fs.yield_keys()))
# 输出为
['text-embedding-ada-0021fea6f02-9e7a-5d39-9f35-73f60ba3646d',
 'text-embedding-ada-0026a588665-96b2-55ad-986a-039a9598f0c0']
```

在 LangChain 中，嵌入向量的缓存是通过 CacheBackedEmbeddings 实现的。这个功能特别有用，因为它避免了重复的向量编码计算，从而显著提升了处理速度。例如，文本的向量编码已经被缓存到路径 cache/text-embedding-ada-0021fea6f02-9e7a-5d39-9f35-73f60ba3646d 下，系统就不需要进行第二次计算，从而大大加快了返回速度。

初始化 CacheBackedEmbeddings 的关键方法是 from_bytes_store，它接收以下参数。

❑ underlying_embedder：执行嵌入处理的嵌入器（embedder）。

❑ document_embedding_cache：用于存储文本嵌入向量的缓存引擎。

❑ namespace（可选，默认为空）：为文档缓存设定的命名空间，用于避免与其他缓存发生冲突。例如，可以将其设置为所使用的嵌入模型的名称。

作为缓存引擎，document_embedding_cache 支持多种类型，包括内存中的 InMemoryStore、文件系统的 LocalFileStore 和键值数据库（如 Redis）的 RedisStore，文档内容的哈希结果将作为缓存中的键值使用。

5.2.4　向量存储

在之前的讨论中，我们了解了如何使用嵌入模型将文本转换为向量。接下来，我们将深入探讨向量存储这一关键概念。虽然传统的关系型数据库（如 PostgreSQL）或文档型数据库（如 MongoDB）能够存储向量数据，但它们并没有针对高维向量的高效检索进行优化，这可能导致查询效率不高。

为了解决这个问题，人们专门设计了向量数据库。这类数据库专注于存储和检索高维向量数据，并具备以下核心功能。

❑ **高效的向量检索**：向量数据库通过特定的索引结构（如倒排索引、近似最近邻搜索等）来加速向量数据的检索过程。

❑ **支持高维数据**：它们能够处理具有大量特征的向量，这对于机器学习模型生成的高维嵌入尤为重要。

❑ **优化的存储**：向量数据库通常采用更紧凑的数据结构来存储向量，以减少存储空间占用并提高读写速度。

使用向量数据库，开发者可以更有效地管理和检索高维向量数据，这对于构建高效的检索系统和其他依赖向量相似度计算的应用至关重要。

1. 索引算法

在向量数据库中，索引算法的选择对于高效检索和分析嵌入向量至关重要，这些算法在计算距离时采用不同的方法，以下是一些常用的索引算法及其特点。

❑ **平面索引（FLAT）**：将向量简单地存储在一个平面结构中，是最基本的向量索引方法。

- 欧氏距离（Euclidean distance）：

$$d(x, y) = \sqrt{\sum_{i=1}^{n} (x_i - y_i)^2}$$

- 余弦相似度（cosine similarity）：

$$\text{sim}(x, y) = \frac{x \cdot y}{\| x \| \| y \|}$$

❑ **分区索引（IVF）**：将向量分配到不同的分区中，每个分区建立一个倒排索引，最终通过倒排索引实现相似性搜索。

- 欧氏距离：

$$d(x, y) = \sqrt{\sum_{i=1}^{n} (x_i - y_i)^2}$$

- 余弦相似度：

$$\text{sim}(x, y) = \frac{x \cdot y}{\| x \| \| y \|}$$

❑ **量化索引（PQ）**：将高维向量划分成若干子向量，将每个子向量量化为一个编码，最终将编码存储在倒排索引中，利用倒排索引进行相似性搜索。

- 欧氏距离：

$$d(x, y) = \sqrt{\sum_{i=1}^{n} (x_i - y_i)^2}$$

- 汉明距离（Hamming distance）：

$$d(x, y) = \sum_{i=1}^{n} (x_i \oplus y_i)$$

其中 ⊕ 表示按位异或操作。

❑ LSH（locality-sensitive hashing）：使用哈希函数将高维向量映射到低维空间，并在低维空间中比较哈希桶之间的相似度，实现高效的相似性搜索。

- 内积（inner product）：

$$\text{sim}(x, y) = x \cdot y$$

- 欧氏距离：

$$d(x, y) = \sqrt{\sum_{i=1}^{n}(x_i - y_i)^2}$$

2. 常见向量数据库

- **Pinecone**

  - 一种为高效向量搜索而设计的托管服务
  - 提供易用的 Python SDK

- **Milvus**

  - 一个开源的向量数据库，支持大规模向量检索
  - 支持多种距离计算方式，如欧氏距离、余弦相似度等
  - 提供 Python、Java 等多种编程语言的客户端

- **FAISS**（Facebook AI Similarity Search）

  - 由 Facebook 开发的一个库，用于高效地搜索高维空间中的向量
  - 支持大规模数据集，常用于机器学习中的近似最近邻搜索
  - 提供 C++ 和 Python 接口

- **Chroma**：一个新开源的向量数据库

3. 数据库扩展和库

- **ElasticVectorSearch**

  - Elasticsearch 是一个流行的搜索引擎，通过插件的方式支持向量搜索

- 可以使用 Elasticsearch 的 dense_vector 类型和 cosineSimilarity 或 dotProduct 函数进行向量相似度计算

- **pgvector**

  - PostgreSQL 是一个开源的关系数据库，pgvector 通过扩展的方式支持向量搜索，还可以用于存储嵌入向量

- **HNSWlib**

  - 一个用于近似最近邻搜索的库，提供了 C++ 和 Python 接口
  - 使用 HNSW 算法

4. 向量数据库接口

在路径 langchain/vectorstores/__init__.py 下可以看到 LangChain 支持的所有向量数据库封装实现，包含丰富的扩展支持，下面仅展示其中一部分：

```
...
"AzureSearch",
"Cassandra",
"Chroma",
"ElasticVectorSearch",
"ElasticKnnSearch",
"FAISS",
"Milvus",
"Zilliz",
"Chroma",
"OpenSearchVectorSearch",
"Pinecone",
"Redis",
"PGVector",
...
```

接下来使用 Chroma 来演示 LangChain 中对向量数据库的操作，首先看代码示例：

```
def test_chromadb():
    # 导入所需的模块和类
    # 加载文本文件，这里以《西游记》为例
    raw_documents = TextLoader("./ 西游记 .txt", encoding="utf-8").load()
```

```
# 创建文本分割器，将文本分割成较小的部分
# chunk_size 定义每个部分的大小，chunk_overlap 定义部分之间的重叠
text_splitter = TokenTextSplitter(chunk_size=256, chunk_overlap=32)

# 将原始文档分割成更小的文档
documents = text_splitter.split_documents(raw_documents)

# 使用文档和 OpenAI 的嵌入向量创建 Chroma 向量存储
db = Chroma.from_documents(documents, OpenAIEmbeddings())

# 定义一个查询，这里查询的是孙悟空被压在五行山下的故事
query = "孙悟空是怎么被压在五行山下的？"

# 在数据库中进行相似性搜索，k=1 表示返回最相关的一个文档
docs = db.similarity_search(query, k=1)

# 打印找到的最相关文档的内容
print(docs[0].page_content)
```

在测试文件西游记.txt中，我将《西游记》的剧情介绍保存进去，然后查询向量数据库："孙悟空是怎么被压在五行山下的？"其中参数 k 表示获取语义最相似的前几个结果，这里只获取了一个（k=1）结果：

> 玉帝请来西天的如来佛祖，如来与悟空斗法，悟空翻不出如来掌心。如来将
> 五指化作"五行山"，将悟空压在五行山下。

上面这段代码演示了如何使用 LangChain 的一些功能来处理和查询文本数据。它首先从一个文本文件中加载数据，然后使用文本分割器将其分割成更小的部分，接着使用 OpenAI 的嵌入模型和 Chroma 向量存储来处理这些文档，并对一个特定的查询进行相似性搜索，最后打印出与查询最相关的文档内容。

5.2.5 检索器

1. MultiQueryRetriever 组件

MultiQueryRetriever 是 LangChain 中一种高效的组件，专门设计用于处理多重查询任务。它在复杂的信息检索场景中表现出色，尤其是当需要同时应对多个查询或信息点时。MultiQuery-Retriever 的主要工作步骤如图 5-3 所示。

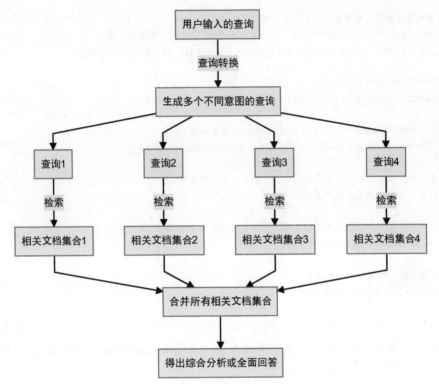

图 5-3 `MultiQueryRetriever` 工作过程

(1) **处理多重查询**：它能够同时处理多个查询，这些查询可能是用户提出的不同问题，或者是针对一个复杂问题派生的多个子查询。

(2) **并行检索信息**：对于每个独立的查询，`MultiQueryRetriever` 会并行地从各个数据源中检索信息。这种并行处理机制大大提高了检索效率，尤其是在面对大规模数据集或多个数据源时。

(3) **聚合与整合结果**：检索得到的信息将被汇总和整合。这意味着不同查询得到的结果会被集中处理，从而便于进行综合分析或提供全面的回答。

下面这段代码使用 LangChain 的一些功能来处理和查询网络上的文本数据。它首先从一个网页中加载数据，然后使用文本分割器将其分割成更小的部分，接着使用 OpenAI 的嵌入模型和 Chroma 向量存储来处理这些文档，并结合一个基于语言模型的检索器来对一个特定的查询进行相似性搜索，最后计算并打印出与查询相关的文档内容。

```
# 从网页加载内容
loader = WebBaseLoader("https://mp.weixin.qq.com/s/Y0t8qrmU5y6H93N-Z9_efw")
data = loader.load()

# 拆分文本
# 使用递归字符文本分割器将文本分割成小块，每块最多 512 个字符，不重叠
text_splitter = RecursiveCharacterTextSplitter(chunk_size=512, chunk_overlap=0)
splits = text_splitter.split_documents(data)

# 创建向量数据库
# 使用 OpenAI 的嵌入向量模型
embedding = OpenAIEmbeddings()
# 使用分割后的文档和嵌入向量创建 Chroma 向量存储
vectordb = Chroma.from_documents(documents=splits, embedding=embedding)

# 定义一个查询问题
question = "程序员如何实现自我成长？"

# 创建一个基于语言模型的检索器
llm = ChatOpenAI(temperature=0)
# 使用多查询检索器，结合向量数据库和语言模型
retriever_from_llm = MultiQueryRetriever.from_llm(
  retriever=vectordb.as_retriever(), llm=llm
)

# 使用检索器获取与查询相关的文档
unique_docs = retriever_from_llm.get_relevant_documents(query=question)
print(unique_docs)
```

然后在 langchain/retrievers/multi_query.py 文件中打印转换后的查询：

```
def _get_relevant_documents(
    self,
    query: str,
    *,
    run_manager: CallbackManagerForRetrieverRun,
) -> List[Document]:
    """ 根据用户的搜索请求，检索并提供相关的文档资料

    Args:
        question: 用户搜索请求

    Returns:
        从所有产生的查询中，整合出一个不重复的相关文档集合
    """
```

```
        queries = self.generate_queries(query, run_manager)
        if self.include_original:
            queries.append(query)
        # 添加这一行，用于打印转换后的查询
        print(queries)
        documents = self.retrieve_documents(queries, run_manager)
        return self.unique_union(documents)
```

['1. 如何提升程序员的个人成长能力？ ', '2. 程序员应该如何自我发展和成长？ ', '3. 怎样才能让程序员实现自我成长的目标？ ']

很显然，"程序员如何实现自我成长？"被自动转换成 3 个不同的查询意图，分别是"如何提升程序员的个人成长能力？""程序员应该如何自我发展和成长？""怎样才能让程序员实现自我成长的目标？"

2. ContextualCompressionRetriever 组件

ContextualCompressionRetriever 是一种特殊的检索器，其目的是在保持上下文信息的同时，有效地压缩和检索相关信息；在处理大量文本数据时，确保只返回与给定查询相关的内容，而不是原样返回检索到的整个文档。这里的"压缩"包括两个方面：单个文档内容的压缩和对检索到的文档批量进行相关性过滤。

□ LLMChainFilter 压缩器：这种方法通过 LLMChain 来判断哪些检索到的文档应该被过滤掉，哪些文档应该返回。这就避免了对每个文档进行额外的 LLM 调用，从而节省资源并加快处理速度。

□ EmbeddingsFilter 方法：这种方法通过嵌入技术对文档和查询进行处理，仅返回与查询具有高度相似性的文档，相比 LLMChainFilter 更经济、更高效，尤其适用于大量文档的快速过滤。

以上两种方法使得用户在面对大量无关文本时能够更加高效地定位到最相关的信息。示例如下：

```
def pretty_print_docs(docs):
    # 格式化打印文档
    print(f"\n{'-' * 100}\n".join([f"Document {i+1}:\n\n" + d.page_content for i, d in
enumerate(docs)]))
```

```python
def test():
    # 从网页加载内容
    loader = WebBaseLoader("https://mp.weixin.qq.com/s/Y0t8qrmU5y6H93N-Z9_efw")
    data = loader.load()

    # 拆分文本
    # 使用递归字符文本分割器将文本分割成小块，每块最多 512 个字符，不重叠
    text_splitter = RecursiveCharacterTextSplitter(chunk_size=512, chunk_overlap=0)
    splits = text_splitter.split_documents(data)

    # 创建语言模型实例
    llm = ChatOpenAI(model="gpt-3.5-turbo", temperature=0)

    # 创建向量数据库检索器
    retriever = Chroma.from_documents(documents=splits, embedding=OpenAIEmbeddings()).as_retriever()
    question = "LLMOps 指的是什么？"

    # 未压缩时的查询结果
    docs = retriever.get_relevant_documents(query=question)
    pretty_print_docs(docs)

    # 创建链式提取器
    compressor = LLMChainExtractor.from_llm(llm)
    # 创建上下文压缩检索器
    compression_retriever = ContextualCompressionRetriever(base_compressor=compressor,
                                                           base_retriever=retriever)
    # 压缩后的查询结果
    docs = compression_retriever.get_relevant_documents(query=question)
    pretty_print_docs(docs)

    # 创建嵌入向量过滤器
    embeddings_filter = EmbeddingsFilter(embeddings=OpenAIEmbeddings(),
                                         similarity_threshold=0.76)
    # 使用过滤器创建上下文压缩检索器
    compression_retriever = ContextualCompressionRetriever(
        base_compressor=embeddings_filter, base_retriever=retriever)
    # 过滤后的查询结果
    docs = compression_retriever.get_relevant_documents(query=question)
    pretty_print_docs(docs)
```

　　这段代码首先从一个网页中加载数据，然后使用文本分割器将其分割成更小的部分，接着创建了一个基于 OpenAI 语言模型的检索器，并对一个特定的查询进行了相似性搜索。此外，这段代码还展示了使用链式提取器和嵌入向量过滤器对检索过程进行压缩和过滤后的查询结果。每个阶段的查询结果都通过 pretty_print_docs 函数格式化打印出来。

3. EnsembleRetriever 组件

在 LangChain 中，EnsembleRetriever 通过混合检索方法，结合多种检索器的结果，以增强检索的准确性和相关性。它的主要特点如下。

- **多检索器集成**：EnsembleRetriever 整合了不同检索器的输出，充分利用它们各自的优势。
- **倒数排名融合**：该组件使用一种融合算法对各个检索器的输出进行重新排序。这种算法考虑了每个检索器对文档相关性的评估，通过综合这些评估来提升最终检索结果的精确度。
- **算法优势结合**：EnsembleRetriever 结合了稀疏检索（如基于关键词的 BM25 算法）和密集检索（如基于嵌入向量相似度的语义搜索），这种混合搜索策略能够实现超越单一算法的检索性能。

在下面的示例中，EnsembleRetriever 结合了 BM25 检索器和 Chroma 检索器（使用 OpenAI 嵌入向量）来检索与查询"苹果"相关的文档，然后打印出检索到的文档：

```python
# 示例文档列表
doc_list = [
    "我喜欢苹果",
    "我喜欢橙子",
    "苹果和橙子都是水果",
]
# 初始化 BM25 检索器
bm25_retriever = BM25Retriever.from_texts(doc_list)
bm25_retriever.k = 2

# 使用 OpenAI 嵌入向量初始化 Chroma 检索器
embedding = OpenAIEmbeddings()
chroma_vectorstore = Chroma.from_texts(doc_list, embedding)
chroma_retriever = chroma_vectorstore.as_retriever(search_kwargs={"k": 2})

# 初始化 EnsembleRetriever
ensemble_retriever = EnsembleRetriever(
    retrievers=[bm25_retriever, chroma_retriever], weights=[0.5, 0.5]
)

# 检索与查询"苹果"相关的文档
docs = ensemble_retriever.get_relevant_documents("苹果")
print(docs)
```

4. WebResearchRetriever 组件

WebResearchRetriever 是 LangChain 中的一个检索器，用于处理查询并从互联网上检索相关信息，其主要功能如下。

- □ **生成相关的谷歌搜索查询**：根据给定查询生成一系列相关的谷歌搜索查询。
- □ **执行搜索**：对每个生成的查询进行谷歌搜索。
- □ **加载搜索结果的 URL**：加载所有搜索结果的 URL。
- □ **嵌入和相似性搜索**：将合并的页面内容嵌入，并执行与查询的相似性搜索。

下面的代码展示了如何使用 WebResearchRetriever 从互联网上检索与特定查询相关的信息：

```python
# 初始化向量存储
vectorstore = Chroma(
  embedding_function=OpenAIEmbeddings(), persist_directory="./chroma_db_oai"
)

# 初始化语言模型
llm = ChatOpenAI(model="gpt-3.5-turbo", temperature=0)

# 初始化谷歌搜索 API 包装器
search = GoogleSearchAPIWrapper()

# 初始化 WebResearchRetriever
web_research_retriever = WebResearchRetriever.from_llm(
  vectorstore=vectorstore,
  llm=llm,
  search=search,
)

# 使用 WebResearchRetriever 检索与查询相关的文档
user_input = "LLM 驱动的自主代理是如何工作的？"
docs = web_research_retriever.get_relevant_documents(user_input)\
# 打印检索到的文档
print(docs)
```

在这个示例中，首先初始化了一个向量存储和一个语言模型，然后初始化了谷歌搜索 API 包装器，接着创建了一个 WebResearchRetriever 实例，并使用它来检索与用户输入查询相关的文档，最后打印出检索到的文档。

5. 向量存储检索器

向量存储检索器（vector store retriever）是一种专门设计用于通过向量存储进行文档检索的工具。作为一个轻量级的包装器，它使得向量存储类能够与检索器接口兼容。向量存储检索器利用向量存储实现的搜索方法，如相似性搜索和最大边际相关性（MMR）搜索，来查询向量存储中的文本。

- **默认相似性搜索**：使用向量存储的默认搜索方法，通常基于向量之间的相似度。
- **MMR 搜索**：使用最大边际相似性搜索，这种方法旨在提高结果的多样性，防止返回过于相似的文档。
- **相似度分数阈值搜索**：只返回相似度分数高于指定阈值的文档。
- **Top k 搜索**：返回与查询最相关的前 k 个文档。

```python
# 加载文档
loader = TextLoader("./test.txt")
documents = loader.load()

# 文本分割
text_splitter = CharacterTextSplitter(chunk_size=512, chunk_overlap=128)
texts = text_splitter.split_documents(documents)

# 初始化嵌入向量
embeddings = OpenAIEmbeddings()

# 使用文档和嵌入向量创建 Chroma 向量存储
db = Chroma.from_documents(texts, embeddings)

# 将向量存储转换为检索器
# 使用默认的相似性搜索
retriever = db.as_retriever()
docs = retriever.get_relevant_documents("LLMOps 指的是什么？")
print("默认相似性搜索结果：\n", docs)

# 使用最大边际相关性（MMR）搜索
retriever_mmr = db.as_retriever(search_type="mmr")
docs_mmr = retriever_mmr.get_relevant_documents("LLMOps 指的是什么？")
print("MMR 搜索结果：\n", docs_mmr)

# 设置相似度分数阈值
retriever_similarity_threshold = db.as_retriever(search_type="similarity_score_threshold",
                                                 search_kwargs={"score_threshold": 0.5})
docs_similarity_threshold = retriever_similarity_threshold.get_relevant_documents("LLMOps 指
的是什么？")
print("相似度分数阈值搜索结果：\n", docs_similarity_threshold)
```

```
# 指定 Top k 搜索
retriever_topk = db.as_retriever(search_kwargs={"k": 1})
docs_topk = retriever_topk.get_relevant_documents("LLMOps 指的是什么？ ")
print("Top k 搜索结果: \n", docs_topk)
```

6. 第三方组件

在社区开发者的热心参与下，LangChain 不仅开发了上文提到的内置检索器组件，还针对众多第三方数据源提供了一系列丰富的检索接口集成，比如 Azure 认知服务接口 `AzureCognitive-SearchRetriever`，为学术论文预印本提供在线存档和分发的 arXiv 服务，更多支持可前往官网检索器索引页面查看。

5.2.6 多文档联合检索

上一章的末尾提到文档合并链的 4 种模式—— `StuffDocumentsChain`、`RefineDocumentsChain`、`MapReduceDocumentsChain` 和 `MapRerankDocumentsChain`，对一次性针对多个文档进行问答、摘要和总结等场景十分有用，本节详述。

1. StuffDocumentsChain

将多段搜索结果文本拼接为一个整体后，一次性输入大模型中，这适用于处理较短文本的情境。

`StuffDocumentsChain`（stuff 在这里意为填充）是文档链中最直接的一种。它接收一系列文档，将它们全部插入一个提示词中，然后将该提示词传递给一个大模型。这种链特别适用于处理小型文档并且在大多数调用中只传递少量文档的场景。

```
# 创建文档提示模板
doc_prompt = PromptTemplate.from_template("{page_content}")

# 构建 StuffDocumentsChain
chain = (
    {
        "content": lambda docs: "\n\n".join(
            format_document(doc, doc_prompt) for doc in docs
        )
    }
    | PromptTemplate.from_template(" 总结下面的内容 :\n\n{content}")
    | ChatOpenAI()
    | StrOutputParser()
)
```

```
# 示例文本
text = """
2022 年 11 月 30 日, OpenAI 正式发布 ChatGPT, 在短短一年时间里, ChatGPT 不仅成为生成式 AI 领域的
热门话题, 更是掀起了新一轮技术浪潮, 每当 OpenAI 有新动作, 就会占据国内外各大科技媒体头条。
从最初的 GPT-3.5 模型, 到如今的 GPT-4 Turbo 模型, OpenAI 的每一次更新都不断拓展我们对于人工智能可能性
的想象, 最开始, ChatGPT 只是通过文字聊天与用户进行互动, 而现在, 已经能够借助 GPT-4V 解说足球视频了。
"""

# 将文本分割成文档
docs = [
    Document(
        page_content=split,
        metadata={"source": "https://mp.weixin.qq.com/s/Y0t8qrmU5y6H93N-Z9_efw"},
    )
    for split in text.split()
]
print(chain.invoke(docs))
```

在这个示例中，首先创建了一个文档提示模板，然后构建了 StuffDocumentsChain，这个链将文档内容格式化并插入一个用于总结内容的提示词中，接着通过 ChatOpenAI 进行处理，并使用 StrOutputParser 解析输出。

2. RefineDocumentsChain

把长篇文本划分为若干段落，大模型首先针对第一段文本提供答案，随后将该答案与第二段文本结合生成新的回应，如此循环，直至为整个文本构建出完整的答案，工作过程如图 5-4 所示。

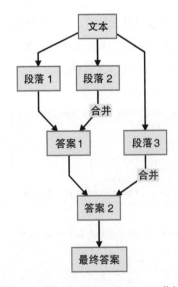

图 5-4　RefineDocumentsChain 工作过程

3. MapRerankDocumentsChain

大模型通过问答形式分析每段文本内容，在生成答案的同时，还会对这些答案进行打分并选出得分最高的作为最终答案，工作过程如图 5-5 所示。

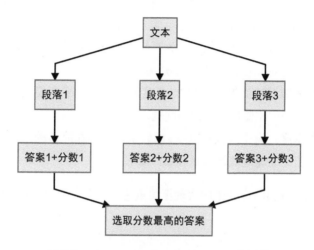

图 5-5 MapRerankDocumentsChain 工作过程

4. MapReduceDocumentsChain

针对多个搜索召回段落的文本，大模型会为每个段落生成答案，最后将这些答案整合，生成基于整篇文章的综合答案，工作过程如图 5-6 所示。

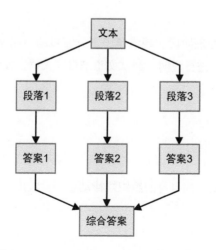

图 5-6 MapReduceDocumentsChain 工作过程

5.2.7　RAG 技术的关键挑战

RAG 技术在实际落地过程时存在几个关键挑战，直接影响技术的有效性和可靠性。

- ❑ **知识库的质量与更新**：RAG 技术的效果高度依赖知识库的准确性和时效性。如果知识库信息不准确或过时，RAG 生成的回答可能会有误。
- ❑ **检索系统的准确性**：RAG 技术依赖检索系统来获取与用户查询相关的信息。如果检索系统性能不足，将直接影响 RAG 输出的质量。
- ❑ **模型知识与参考知识的优先级**：在 RAG 实现中，如何平衡模型自身的知识与外部检索到的参考知识是一个需要仔细考虑的问题。
- ❑ **提升有效信息密度**：为了最大化 RAG 的效果，需要在简洁的指令中提供丰富、真实的信息，帮助模型更准确地理解和回应用户需求。

理解这些挑战对于优化 RAG 技术的实现至关重要，只有正确应对这些问题，才能充分发挥 RAG 的潜力。

5.3　检索增强生成实践

基础知识已经掌握得差不多了，接下来进入实战环节，通过一个项目来练练手，感受检索增强生成技术的强大。整体方案流程和前面的讲解顺序基本一致，分为**加载文档➙文档分块➙文本嵌入➙根据问题检索答案**，为了提高检索结果的准确性，这里设计的方案重点对分块策略和检索策略进行优化。

整体方案包括在文档预处理阶段实现满足上下文窗口的原始文本分块，在文档检索阶段实现文本的三次检索，下面逐一进行说明，测试文章来自《大语言模型的安全问题探究》。

5.3.1　文档预处理过程

1. 小文本块拆分

以 50 token 大小（可根据文档自身的组织规律动态调整粒度）对文本做首次分割：

```python
# 小文本块大小
BASE_CHUNK_SIZE = 50
# 小块的重叠部分大小
CHUNK_OVERLAP = 0
def split_doc(
    doc: List[Document], chunk_size=BASE_CHUNK_SIZE, chunk_overlap=CHUNK_OVERLAP,
chunk_idx_name: str
):
    data_splitter = RecursiveCharacterTextSplitter(
        chunk_size=chunk_size,
        chunk_overlap=chunk_overlap,
        # 使用 tiktoken 来确保分割不会在一个 token 的中间发生
        length_function=tiktoken_len,
    )
    doc_split = data_splitter.split_documents(doc)
    chunk_idx = 0
    for d_split in doc_split:
        d_split.metadata[chunk_idx_name] = chunk_idx
        chunk_idx += 1
    return doc_split
```

下面的示例显示了前 7 个分块的信息：

```
[Document(page_content='LLM 安全专题 提示', metadata={'source': './data/一文带你了解提示攻
击.pdf', 'page': 0, 'small_chunk_idx': 0}),
Document(page_content=' 是指在训练或与大型语言模型（Claude、ChatGPT 等）进行交互时，提供给模 ',
metadata={'source': './data/一文带你了解提示攻击.pdf', 'page': 0, 'small_chunk_idx': 1}),
Document(page_content=' 型的输入文本。通过给定特定的 ', metadata={'source': './data/一文带你了解
提示攻击.pdf', 'page': 0, 'small_chunk_idx': 2}),
Document(page_content=' 提示，可以引导模型生成特定主题或类型的文本。在自然语言处理（NLP）任务中，
提 ', metadata={'source': './data/一文带你了解提示攻击.pdf', 'page': 0, 'small_chunk_idx': 3}),
Document(page_content=' 示充当了问题或输入的角色，而模型的输出是对这个问题的回答或任务完成。关于 ',
metadata={'source': './data/一文带你了解提示攻击.pdf', 'page': 0, 'small_chunk_idx': 4}),
Document(page_content=' 怎样设计好的 ', metadata={'source': './data/一文带你了解提示攻击.pdf',
'page': 0, 'small_chunk_idx': 5}),
Document(page_content='prompt，查看 prompt 专题章节内容就可以了，这里不过多阐述，个人比较感兴趣的是针
对 ', metadata={'source': './data/一文带你了解提示攻击.pdf', 'page': 0, 'small_chunk_idx': 6}),
...]
```

2. 添加窗口

设定步长为 3、窗口大小为 6，将上述步骤的小块匹配到不同的上下文窗口：

```
# 步长定义了窗口移动的速度，具体来说，它是上一个窗口中第一个块和下一个窗口中第一个块之间的距离
WINDOW_STEPS = 3
# 窗口大小直接影响到每个窗口中的上下文信息量，窗口大小 = BASE_CHUNK_SIZE * WINDOW_SCALE
WINDOW_SCALE = 6
def add_window(
    doc: Document, window_steps=WINDOW_STEPS, window_size=WINDOW_SCALE, window_idx_name: str
):
    window_id = 0
    window_deque = deque()

    for idx, item in enumerate(doc):
        if idx % window_steps == 0 and idx != 0 and idx < len(doc) - window_size:
            window_id += 1
        window_deque.append(window_id)

        if len(window_deque) > window_size:
            for _ in range(window_steps):
                window_deque.popleft()

        window = set(window_deque)
        item.metadata[f"{window_idx_name}_lower_bound"] = min(window)
        item.metadata[f"{window_idx_name}_upper_bound"] = max(window)
```

下面的示例显示了增加窗口信息后前 7 个分块的内容：

```
[Document(page_content='LLM 安全专题 提示 ', metadata={'source': './data/ 一文带你了解提示攻
击 .pdf', 'page': 0, 'small_chunk_idx': 0, 'large_chunks_idx_lower_bound': 0, 'large_chunks_
idx_upper_bound': 0}),
Document(page_content=' 是指在训练或与大型语言模型（Claude、ChatGPT 等）进行交互时，提供给模 ',
metadata={'source': './data/ 一文带你了解提示攻击 .pdf', 'page': 0, 'small_chunk_idx': 1,
'large_chunks_idx_lower_bound': 0, 'large_chunks_idx_upper_bound': 0}),
Document(page_content=' 型的输入文本。通过给定特定的 ', metadata={'source': './data/ 一文带你了
解提示攻击 .pdf', 'page': 0, 'small_chunk_idx': 2, 'large_chunks_idx_lower_bound': 0, 'large_
chunks_idx_upper_bound': 0}),
Document(page_content=' 提示，可以引导模型生成特定主题或类型的文本。在自然语言处理（NLP）任务中，
提 ', metadata={'source': './data/ 一文带你了解提示攻击 .pdf', 'page': 0, 'small_chunk_idx': 3,
'large_chunks_idx_lower_bound': 0, 'large_chunks_idx_upper_bound': 1}),
Document(page_content=' 示充当了问题或输入的角色，而模型的输出是对这个问题的回答或任务完成。关
于 ', metadata={'source': './data/ 一文带你了解提示攻击 .pdf', 'page': 0, 'small_chunk_idx': 4,
'large_chunks_idx_lower_bound': 0, 'large_chunks_idx_upper_bound': 1}),
Document(page_content=' 怎样设计好的 ', metadata={'source': './data/ 一文带你了解提示攻击 .pdf',
'page': 0, 'small_chunk_idx': 5, 'large_chunks_idx_lower_bound': 0, 'large_chunks_idx_upper_
bound': 1}),
```

```
Document(page_content='prompt，查看 prompt 专题章节内容就可以了，这里不过多阐述，个人比较感兴趣的
是针对 ', metadata={'source': './data/ 一文带你了解提示攻击 .pdf', 'page': 0, 'small_chunk_idx':
6, 'large_chunks_idx_lower_bound': 1, 'large_chunks_idx_upper_bound': 2}),
Document(page_content='prompt 的攻击，随着大语言模型的广泛应用，安全必定是一个非常值 ',
metadata={'source': './data/ 一文带你了解提示攻击 .pdf', 'page': 0, 'small_chunk_idx': 7,
'large_chunks_idx_lower_bound': 1, 'large_chunks_idx_upper_bound': 2}),
...]
```

3. 中等文本块

以小文本块 3 倍的大小（可动态配置），即 150 token，对文本做二次分割，形成中等文本块：

```python
# 中等文本块大小 = 基础块大小 * CHUNK_SCALE
CHUNK_SCALE = 3

def merge_metadata(dicts_list: dict):
    """
    合并多个元数据字典

    参数：
        dicts_list (dict)：要合并的元数据字典列表

    返回：
        dict: 合并后的元数据字典

    功能：
        - 遍历字典列表中的每个字典，并将其键值对合并到一个主字典中
        - 如果同一个键有多个不同的值，将这些值存储为列表
        - 对于数值类型的多值键，计算其值的上下界并存储
        - 删除已计算上下界的原键，只保留边界值
    """
    merged_dict = {}
    bounds_dict = {}
    keys_to_remove = set()

    for dic in dicts_list:
        for key, value in dic.items():
            if key in merged_dict:
                if value not in merged_dict[key]:
                    merged_dict[key].append(value)
            else:
                merged_dict[key] = [value]
```

```python
    # 计算数值型键的值的上下界
    for key, values in merged_dict.items():
        if len(values) > 1 and all(isinstance(x, (int, float)) for x in values):
            bounds_dict[f"{key}_lower_bound"] = min(values)
            bounds_dict[f"{key}_upper_bound"] = max(values)
            keys_to_remove.add(key)

    merged_dict.update(bounds_dict)

    # 移除已计算上下界的原键
    for key in keys_to_remove:
        del merged_dict[key]

    # 如果键的值是单一值的列表，则只保留该值
    return {
        k: v[0] if isinstance(v, list) and len(v) == 1 else v
        for k, v in merged_dict.items()
    }

def merge_chunks(doc: Document, scale_factor=CHUNK_SCALE, chunk_idx_name: str):
    """
    将多个文本块合并成更大的文本块

    参数：
        doc (Document): 要合并的文本块列表
        scale_factor (int): 合并的规模因子，默认为 CHUNK_SCALE
        chunk_idx_name (str): 用于存储块索引的元数据键

    返回：
        list: 合并后的文本块列表

    功能：
        - 遍历文本块列表，按照 scale_factor 指定的数量合并文档内容和元数据
        - 使用 merge_metadata 函数合并元数据
        - 每合并完成一个新块，将其索引添加到元数据中并追加到结果列表中
    """
    merged_doc = []
    page_content = ""
    metadata_list = []
    chunk_idx = 0

    for idx, item in enumerate(doc):
        page_content += item.page_content
```

```
        metadata_list.append(item.metadata)

        # 按照规模因子合并文本块
    if (idx + 1) % scale_factor == 0 or idx == len(doc) - 1:
        metadata = merge_metadata(metadata_list)
        metadata[chunk_idx_name] = chunk_idx
        merged_doc.append(
            Document(
                page_content=page_content,
                metadata=metadata,
            )
        )
        chunk_idx += 1
        page_content = ""
        metadata_list = []

return merged_doc
```

下面的示例显示了前 3 个中等分块的信息：

```
[Document(page_content='LLM 安全专题 提示是指在训练或与大型语言模型（Claude，ChatGPT 等）进入交互
时,提供给模型的输入文本。通过给定特定的 ', metadata={'source': './data/ 一文带你了解提示攻击 .pdf',
'page': 0, 'large_chunks_idx_lower_bound': 0, 'large_chunks_idx_upper_bound': 0, 'small_
chunk_idx_lower_bound': 0, 'small_chunk_idx_upper_bound': 2, 'medium_chunk_idx': 0}),
Document(page_content=' 提示, 可以引导模型生成特定主题或类型的文本。在自然语言处理（NLP）任
务中, 提示充当了问题或输入的角色, 而模型的输出是对这个问题的回答或任务完成。关于怎样设计好的 ',
metadata={'source': './data/ 一文带你了解提示攻击 .pdf', 'page': 0, 'large_chunks_idx_lower_
bound': 0, 'large_chunks_idx_upper_bound': 1, 'small_chunk_idx_lower_bound': 3, 'small_
chunk_idx_upper_bound': 5, 'medium_chunk_idx': 1}),
Document(page_content='prompt, 查看 prompt 专题章节内容就可以了, 这里不过多阐述, 个人比较感兴
趣的是针对 prompt 的攻击, 随着大语言模型的广泛应用, 安全必定是一个非常值得关注的领域。提示攻击 ',
metadata={'source': './data/ 一文带你了解提示攻击 .pdf', 'page': 0, 'large_chunks_idx_lower_
bound': 1, 'large_chunks_idx_upper_bound': 2, 'small_chunk_idx_lower_bound': 6, 'small_
chunk_idx_upper_bound': 8, 'medium_chunk_idx': 2}),
...]
```

5.3.2　文档检索过程

1. 检索器声明

首先声明一个检索器，用于检索文档。这里将 BM25 检索器和嵌入式检索器组合成一个集成检索器，用于检索和评估文档相似度。下面是一些需要了解的相关知识。

- □ BM25 是一种基于词袋模型的检索方法，它通过考虑单词在文档中的频率和在整个文档集合中的逆文档频率来计算文档之间的相似度。
- □ 嵌入式检索器通常使用预训练的嵌入模型（本案例使用 OpenAI 的 text-embedding-ada-002 模型）将文档转换为密集向量，然后通过计算这些向量之间的相似度来评估文档之间的相似性。
- □ emb_filter 用于在嵌入式检索过程中过滤结果。例如，可以根据某些标准排除不相关的文档。
- □ k 是一个整数，表示要返回的最匹配的前几个结果。
- □ weights 包含两个权重值，分别用于 BM25 检索器和嵌入式检索器在集成检索中的权重。

```python
def get_retriever(
    self,
    docs_chunks,
    emb_chunks,
    emb_filter=None,
    k=2,
    weights=(0.5, 0.5),
):
    bm25_retriever = BM25Retriever.from_documents(docs_chunks)
    bm25_retriever.k = k

    emb_retriever = emb_chunks.as_retriever(
        search_kwargs={
            "filter": emb_filter,
            "k": k,
            "search_type": "mmr",
        }
    )
    return MyEnsembleRetriever(
        retrievers={"bm25": bm25_retriever, "chroma": emb_retriever},
        weights=weights,
    )
```

2. 检索相关文档

文档检索通过多阶段（三轮）的方式进行。

● 第一阶段：小分块检索

使用小文本块（docs_index_small）和小嵌入块（embedding_chunks_small）初始化一

个检索器（first_retriever），使用这个检索器检索与查询相关的文档，并将结果存储在 first 变量中，对检索到的文档 ID 进行清理和过滤，确保它们是相关的，并存储在 ids_clean 变量中。

- **第二阶段：移动窗口检索**

针对每个唯一的源文档，使用小文本块检索与之相关的所有文本块。使用包含这些文本块的新检索器（second_retriever）再次进行检索，以进一步缩小相关文档的范围，将检索到的文档添加到 docs 列表中。

- **第三阶段：中等分块检索**

依据过滤条件从中等文本块（docs_index_medium）检索相关文档，使用包含这些文本块的新检索器（third_retriever）进行检索。从检索到的文档中选择前 third_num_k 个存储在 third 变量中，清理文档的元数据，删除不需要的内容，将最终检索到的文档按文件名分类，并存储在 qa_chunks 字典中。

```python
def get_relevant_documents(
    self,
    query: str,
    num_query: int,
    *,
    run_manager: Optional[CallbackManagerForChainRun] = None,
) -> List[Document]:
    # 第一轮检索：使用小文本块和对应的嵌入进行检索
    # 这里使用的是小块索引和小块嵌入
    first_retriever = self.get_retriever(
        docs_chunks=self.docs_index_small.documents,
        emb_chunks=self.embedding_chunks_small,
        emb_filter=None,
        k=self.first_retrieval_k,
        weights=self.retriever_weights,
    )
    first = first_retriever.get_relevant_documents(
        query, callbacks=run_manager.get_child()
    )

    # 清洗检索到的文档 ID，确保它们是有效的
    ids_clean = self.get_relevant_doc_ids(first, query)
```

```python
qa_chunks = {}
if ids_clean and isinstance(ids_clean, list):
    source_md5_dict = {}
    # 遍历清洗后的文档 ID, 并建立 MD5 到文档的映射关系
    for ids_c in ids_clean:
        if ids_c < len(first):
            if ids_c not in source_md5_dict:
                source_md5_dict[first[ids_c].metadata["source_md5"]] = [
                    first[ids_c]
                ]

    # 如果没有合适的 MD5 映射, 则默认使用第一个文档
    if len(source_md5_dict) == 0:
        source_md5_dict[first[0].metadata["source_md5"]] = [first[0]]

    num_docs = len(source_md5_dict.keys())
    third_num_k = max(
        1,
        (
            int(
                (
                    MAX_LLM_CONTEXT
                    / (BASE_CHUNK_SIZE * CHUNK_SCALE)
                )
                // (num_docs * num_query)
            ),
        ),
    )

    for source_md5, docs in source_md5_dict.items():
        # 根据源 MD5 获取第二轮的文本块
        second_docs_chunks = self.docs_index_small.retrieve_metadata(
            {
                "source_md5": (IndexerOperator.EQ, source_md5),
            }
        )
        # 第二轮检索
        second_retriever = self.get_retriever(
            docs_chunks=second_docs_chunks,
            emb_chunks=self.embedding_chunks_small,
            emb_filter={"source_md5": source_md5},
            k=self.second_retrieval_k,
            weights=self.retriever_weights,
```

```
    )
    second = second_retriever.get_relevant_documents(
        query, callbacks=run_manager.get_child()
    )
    docs.extend(second)

    # 获取用于第三轮检索的过滤器
    docindexer_filter, chroma_filter = self.get_filter(
        self.num_windows, source_md5, docs
    )

    # 获取第三轮的文本块
    third_docs_chunks = self.docs_index_medium.retrieve_metadata(
        docindexer_filter
    )

    # 第三轮检索
    third_retriever = self.get_retriever(
        docs_chunks=third_docs_chunks,
        emb_chunks=self.embedding_chunks_medium,
        emb_filter=chroma_filter,
        k=third_num_k,
        weights=self.retriever_weights,
    )
    third_temp = third_retriever.get_relevant_documents(
        query, callbacks=run_manager.get_child()
    )
    third = third_temp[:third_num_k]

    # 清除第三轮检索结果的文档内容
    for doc in third:
        mtdata = doc.metadata
        mtdata["page_content"] = None

    # 根据文件名将第三轮的结果归类
    file_name = third[0].metadata["source"].split("/")[-1]
    if file_name not in qa_chunks:
        qa_chunks[file_name] = third
    else:
        qa_chunks[file_name].extend(third)


return qa_chunks
```

整个过程是一个分层的检索过程，首先在小文本块中进行粗略检索，然后在特定的源文档中进行更精确的检索，在中等文本块中进行最终的检索。这种分层的方法有助于提高检索的效率和准确性，因为它允许系统在更小的文档集上进行更精确的检索，从而减少了在大文档集上进行复杂检索所需的计算量。

5.3.3　方案优势

以下这些优势共同构成了该方案在文档处理方面的强大能力，使其能够灵活应对各种复杂的数据检索需求。

- ❑ **对大规模文档的高效支持**：在处理包含大量文档的知识库时，直接检索可能非常耗时。将文档切分为小块（chunk_small）更易于索引和检索，从而提高效率。
- ❑ **上下文信息保留**：小块中添加的窗口信息（add_window）确保在检索过程中不会丢失关键上下文。这对于跨多个小块分布的信息至关重要，可防止单个小块检索时信息遗漏。
- ❑ **检索效率提升**：将相邻小块合并为中等大小的块（chunk_medium），既保留了细粒度特性，又增添了更广泛的上下文。这种平衡提高了检索的效率和准确性，避免了大块导致的低效率和小块造成的信息不足。
- ❑ **灵活性与可配置性**：允许根据应用需求灵活配置参数，如块的大小、窗口大小和步长等，以实现性能与效果的最佳平衡。
- ❑ **多样化的检索策略支持**：多种大小的文本块和包含窗口信息的块使得可以根据查询需求选择合适的块进行检索，比如需要广泛上下文的查询可以使用中大型块，而需要快速响应的查询则可以使用小块。

这部分代码也包含在随书源码中，请大家务必在本地测试一遍，以理解这个过程。

好了，我们已经讨论完了有关 LangChain 中检索增强生成技术的知识，接下来，目光将转向智能代理的主题，这是大模型当前探索的前沿应用领域。

## 第 6 章

智能代理设计

在当前的 AI 领域，智能代理的应用无疑是最受关注的热点之一。本章将从智能代理的基本概念入手，深入探讨其核心组件，并结合大模型技术，引导大家实现一个个性化的智能代理。

6.1 智能代理的概念

智能代理（又称智能体）是人工智能领域的核心概念，指的是能够自主感知环境并做出决策的实体。它的发展经历了几个重要阶段。最早的智能代理设计简单，主要依赖预设的规则来处理信息。20 世纪 50 年代至 70 年代，基于符号主义的方法在模拟基础逻辑和执行简单任务方面取得一定成功，这个阶段的智能代理虽然能力有限，但为后来的发展奠定了基础。到了 20 世纪 80 年代和 90 年代，智能代理开始利用知识库和专家系统来处理更复杂的任务，这些实体能够模仿人类专家的思维过程，处理特定领域的问题，然而，这些智能代理的水平仍然受限于它们的知识库，无法有效处理知识库之外的问题。随着 20 世纪 90 年代末机器学习的兴起，智能代理开始出现重大突破：从大量数据中学习，展现出更高级的理解和决策能力。到了 21 世纪初，随着深度学习技术的发展，智能代理的能力得到了极大的增强，它们不仅能处理复杂的模式识别任务（如图像和语音识别），还在某些领域（如棋类游戏）展现出超越人类的能力。

大模型以其广泛的应用性和强大的适应能力，正推动智能代理在知识工作领域实现全面的变革，脑力任务得以全自动化。这些模型不仅具备自我学习的能力，还掌握了丰富的知识，结合 agent 技术，正在带领我们进入新时代。

6.2 LangChain 中的代理

LangChain 也非常及时地推出了 Agent 组件，用于支持社区开发者快速构建自己的智能代理。

6.2.1 LLM 驱动的智能代理

在深入探索 LangChain 中代理的工作机制之前，有必要了解一下 LLM 驱动的智能代理的特点。LLM 作为构建智能代理的核心控制器，主要由三部分组成，如图 6-1 所示。

❏ **任务规划**：智能代理根据当前的环境状态和目标，制订行动计划。复杂任务不是一次性就能解决的，需要拆分成多个并行或串行的子任务来求解，任务规划的目标是找到一条能够解决问题的最优路线，最常用的技巧是思维链和思维树。**思维链**（CoT）已成为增强复杂任务模型性能的标准提示技术，通过指示模型"一步一步思考"，将困难任务分解为更小、更简单的步骤。**思维树**通过在每一步探索多种推理可能性来扩展 CoT，它首先将问题分解为多个思考步骤，并在每个步骤中生成多个思考，从而创建树结构。搜索过程可以是 BFS（广度优先搜索）或 DFS（深度优先搜索），每个状态由分类器（通过提示词）或多数投票进行评估。**反思改进**允许智能代理通过完善过去的行动决策和纠正以前的错误来迭代改进，它在需要试错的现实任务中发挥着至关重要的作用。

智能代理要想正常工作，任务拆解和规划是最为关键的一步，所以这也成为热门研究方向，下面简单介绍常见的思路。

- **zero-shot**（来自论文"Finetuned Language Models Are Zero-Shot Learners"）：在提示词中简单地加入"一步一步思考"，引导模型进行逐步推理。
- **few-shot**（来自论文"Language Models are Few-Shot Learners"）：给模型展示解题过程和答案，作为样例（如果只提供一个样例，又叫 one-shot），以引导其解答新问题。
- **CoT**（思维链，来自论文"Chain-of-Thought Prompting Elicits Reasoning in Large Language Models"），思维链提示即将一个复杂的多步骤推理问题细化为多个中间步骤，然后将中间答案组合起来解决原问题。其有效性已在论文"Towards Revealing the Mystery behind Chain of Thought: A Theoretical Perspective"中得到验证。
- **auto CoT**（来自论文"Automatic Chain of Thought Prompting in Large Language Models"）：大模型在解题前自动从数据集中查询相似问题进行自我学习，但需要专门的数据集支持。
- **meta CoT**（来自论文"Meta-CoT: Generalizable Chain-of-Thought Prompting in Mixed-task Scenarios with Large Language Models"）：在 auto CoT 的基础上，先对问题进行场景识别，进一步优化自动学习过程。

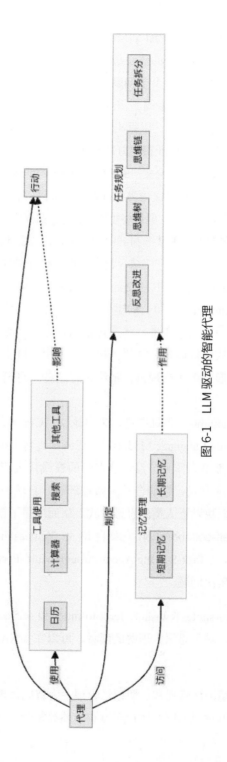

图 6-1 LLM 驱动的智能代理

- **least-to-most**（来自论文 "Least-to-Most Prompting Enables Complex Reasoning in Large Language Models"）：该策略的核心是把复杂问题划分成若干简易子问题并依次解决，在处理每个子问题时，前一个子问题的解答有助于下一步求解。比如在提示词中加入"针对每个问题，首先判断是否需要分解子问题。若不需要，则直接回答；否则拆分问题，整合子问题的解答，以得出最优、最全面及最确切的答案"。启用大模型的思维模式，细化问题，从而获得更好的结果。

- **self-consistency CoT**（来自论文 "Self-Consistency Improves Chain of Thought Reasoning in Language Models"）：在多次输出中选择投票最高的答案。自洽性利用了一个复杂推理问题通常有多种解决思路，但最终可以得到唯一正确答案的本质，提升了思维链在一系列常见的算术和常识推理基准测试中的表现，比如在提示词中加入"对于每个问题，你将提供 5 种想法，然后将它们结合起来，输出措辞最佳、最全面和最准确的答案"。

- **ToT**（tree of thoughts，思维树，来自论文 "Tree of Thoughts: Deliberate Problem Solving with Large Language Models"）：构建一个树状结构来存储各步推理过程中产生的多个可能结果作为末梢节点。在进行状态评估以排除无效结果之后，基于这些末梢节点继续进行推理，从而发展出一棵树。接着，利用深度优先搜索或广度优先搜索算法连接这些节点，形成多条推理链。最终，将这些推理链提交至一个大模型以评估哪个结果最为合适。

- **GoT**（graph of thoughts，思维图谱，来自论文 "Graph of Thoughts: Solving Elaborate Problems with Large Language Models"）：思维图谱将大模型的输出抽象成一个灵活的图结构，其中思考单元作为节点，节点间的连线代表依赖关系。这种方式模拟了人类解决问题的思维方式，它能合并多条推理链，自然回溯到有效的推理链，并行探索独立的推理链，更贴近人类的思维方式，从而增强了推理能力。

- **multi-persona self-collaboration**（来自论文 "Unleashing Cognitive Synergy in Large Language Models: A Task-Solving Agent through Multi-Persona Self-Collaboration"）：模拟多个角色协作解决问题。

在这些技巧中，zero-shot、few-shot、least-to-most 和 self-consistency CoT 在提示层面易于应用且效果显著。对于想深入理解的读者，可以在 arXiv 网站上搜索相关关键词阅读原论文。

❑ **记忆管理**：包括短期记忆管理和长期记忆管理，为智能代理提供知识和经验。其中**短期记忆**是指大模型能够意识到以及执行学习和推理等复杂认知任务所需的信息，受上下文窗口长度的限制；**长期记忆**是能够在长时间内保留和回忆的信息，以外部向量的形式存储，可通过快速检索进行访问。

- **工具使用**：智能代理通过配备外部工具显著扩展其能力，比如调用外部 API 以获取额外信息，包括搜索引擎、计算器、日历查询、智能家居控制、日程安排管理等，LLM 首先访问 API 搜索引擎找到合适的 API 调用，然后使用相应的文档进行调用。

6.2.2 LangChain 中的代理

有了之前对智能代理背景的了解，我们可以更容易地理解 LangChain 中代理的概念。代理是 LangChain 的一个核心组件，它依赖大模型来动态确定一系列操作的顺序和类型。与链不同，代理不是将操作硬编码在代码中，而是使用语言模型作为推理引擎，动态决定下一步的操作。代理的输入如下所述。

- **工具描述**：描述可用工具的详细信息，确保代理能够正确地调用这些工具，并以最有利于代理的方式进行操作。工具包是一组相关工具的集合，旨在完成特定任务，例如，一个 GitHub 工具包可能包括搜索代码、阅读文件和评论等功能。
- **用户输入**：用户的目标或需求，代理根据这些输入来执行任务。
- **中间步骤**：记录上一步操作的结果，这些结果可以作为下一步操作的输入，或者直接作为对用户的响应。

1. 代理执行器

代理执行器（AgentExecutor）可以理解为对代理运行时的封装，它负责调用代理、执行其选择的操作，并将结果反馈给代理，执行器会处理一些复杂的问题，如工具错误处理、日志记录等。下面的代码展示了代理执行器运行的核心机制：

```
next_action = agent.get_action(...)
while next_action != AgentFinish:
    observation = run(next_action)
    next_action = agent.get_action(..., next_action, observation)
return next_action
```

2. 构建代理

要构建一个代理，需要定义代理本身、自定义工具，并在自定义循环中运行代理和工具。

这里有必要提前了解几个关键概念。

- ❑ AgentAction：这是一个数据类，存储代理决定执行的操作，主要包含两部分信息，tool 表示代理将要调用的工具名称，tool_input 表示传递给这个工具的具体输入。
- ❑ AgentFinish：当代理完成任务并准备向用户返回结果时就使用这个数据类，它有一个 return_values 参数，是一个字典，该字典的 output 值表示要返回给用户的字符串信息。
- ❑ intermediate_steps：表示代理先前的操作及相应的结果。它是一个列表，列表中的每个元素是一个包含 AgentAction 及其执行结果的元组，这些信息对于未来的决策非常重要，因为它能让代理了解到目前为止已经完成了哪些工作。

了解这些基础组件有助于我们更好地理解代理的工作过程。先看不使用外部工具的情况：

```
llm = ChatOpenAI(model="gpt-3.5-turbo", temperature=0)
sentence = "' 如何用 LangChain 实现一个代理 ' 这句话共包含几个不同的汉字 "
print(llm.invoke(sentence))
```

模型输出 content=' 这句话共包含 11 个不同的汉字。'，这个回答明显是错误的。现在我们定义一个工具函数，用于获取句子中不同汉字的数量，同时将工具函数绑定到模型上：

```
from langchain.agents import tool
@tool
def count_unique_chinese_characters(sentence):
    """ 用于计算句子中不同汉字的数量 """
    unique_characters = set()

    # 遍历句子中的每个字符
    for char in sentence:
        # 检查字符是否是汉字
        if '\u4e00' <= char <= '\u9fff':
            unique_characters.add(char)

    # 返回不同汉字的数量
    return len(unique_characters)

# 将工具函数绑定到模型上
llm_with_tools = llm.bind(
    functions=[format_tool_to_openai_function(count_unique_chinese_characters)])
```

接着构建一个代理，它将处理用户输入、模型响应及输出解析：

```python
# 创建一个聊天提示模板
prompt = ChatPromptTemplate.from_messages(
    [
        ("user", "{input}"),
        MessagesPlaceholder(variable_name="agent_output"),
    ]
)


# 初始化一个 ChatOpenAI 模型
llm = ChatOpenAI(model="gpt-3.5-turbo", temperature=0)
# 构建一个代理，它将处理输入、提示词、模型和输出解析
agent = (
    {
        "input": lambda x: x["input"],
        "agent_output": lambda x: format_to_openai_function_messages(
            x["intermediate_steps"]
        ),
    }
    | prompt
    | llm_with_tools
    | OpenAIFunctionsAgentOutputParser()
)
```

最后按照前面讲的方式调用代理：

```python
# 用于存储中间结果
intermediate_steps = []
while True:
    # 调用代理并处理输出
    output = agent.invoke(
        {
            "input": sentence,
            "intermediate_steps": intermediate_steps,
        }
    )
    # 检查是否完成处理，若完成便退出循环
    if isinstance(output, AgentFinish):
        final_result = output.return_values["output"]
        break
    else:
        # 打印工具名称和输入
        print(f" 工具名称：{output.tool}")
        print(f" 工具输入：{output.tool_input}")
```

```
        # 执行工具函数
        tool = {"count_unique_chinese_characters": count_unique_chinese_characters}[output.tool]
        observation = tool.run(output.tool_input)
        # 记录中间步骤
        intermediate_steps.append((output, observation))
# 打印最终结果
print(final_result)
```

现在再来看最终的结果，显然，有了工具函数的支持，现在的答案已经没什么问题了：

```
工具名称：count_unique_chinese_characters
工具输入：{'sentence': '如何用 LangChain 实现一个代理 '}
'如何用 LangChain 实现一个代理 ' 这句话共包含 9 个不同的汉字。
```

如果每次这里的循环逻辑都需要自己写程序来管理，那就太麻烦了，幸好 LangChain 也考虑到了这一点，可利用 AgentExecutor 简化上述执行过程：

```
from langchain.agents import AgentExecutor
agent_executor = AgentExecutor(agent=agent, tools=[count_unique_chinese_characters], verbose=True)
print(agent_executor.invoke({"input": sentence}))
```

下面显示了 AgentExecutor 的执行结果，当 verbose=True 时可以打印执行的中间过程：

```
> Entering new AgentExecutor chain...

Invoking: `count_unique_chinese_characters` with `{'sentence': '如何用 LangChain 实现一个代理 '}`


9' 如何用 LangChain 实现一个代理 ' 这句话共包含 9 个不同的汉字。

> Finished chain.
{'input': '' 如何用 LangChain 实现一个代理 ' 这句话共包含几个不同的汉字', 'output': '' 如何用
LangChain 实现一个代理 ' 这句话共包含 9 个不同的汉字。'}
```

一个最基本的代理就构建完成了，为大模型打补丁、扩展能力就是这么容易。其实 LangChain 已经内置了不少代理，接下来我将梳理不同的类型，例如，问答代理可以提升模型对特定领域问题的应答质量，摘要代理则可以帮助模型生成长文本的精确概要。重要的是，代理不仅仅是功能的简单叠加，合理配置和调优代理之间的互动对于创建高效的工作流程至关重要。

6.2.3 代理的类型

鉴于有好几种代理的思想来自 ReAct，有必要了解一下 ReAct 的概念，它来自论文 "ReAct: Synergizing Reasoning and Acting in Language Models"，作者发现让代理执行下一步行动的时候，加上 LLM 自己的思考过程，并将思考过程、执行工具及参数、执行结果包含在提示词中，能使模型对当前和先前的任务完成度有更强的反思能力，从而提升模型解决问题的能力。

```
Thought: ...
Action: ...
Observation: ...
...（重复以上过程，即表示 ReAct 的工作过程）
```

以下是 LangChain 提供的几种代理类型。

1. 零提示 ReAct 代理

零提示 ReAct 代理（ZERO_SHOT_REACT_DESCRIPTION）是基于 ReAct 框架的用途最广泛的一类，要求每一种工具都有详细的描述，仅通过描述信息来选择合适的工具。下面使用 LangChain 内置工具的例子进行说明：

```
tools = load_tools(["wikipedia","terminal"], llm=llm)
agent = initialize_agent(tools,
                         llm,
                         agent=AgentType.ZERO_SHOT_REACT_DESCRIPTION,
                         verbose=True)
```

打印工具信息：

```
for tool in tools:
    print(f" 工具名称 : {tool.name}")
    print(f" 工具描述 : {tool.description}")
# 输出结果（原始输出为英文，这里为了便于理解，已翻译为中文）
工具名称：Wikipedia。
工具描述：一个维基百科的封装器，适合用来回答关于人物、地点、公司、事实、历史事件或其他主题的常规问题。输入应为搜索查询。
工具名称：terminal。
工具描述：在这台 macOS 设备上执行 shell 命令。
```

在这个例子中，我创建了一个 LangChain 的 zero-shot 代理，并赋予它访问一系列工具的权限。当执行 agent.llm_chain.prompt.template 命令时，它会展示每个工具的描述和用途、触发该工具的输入，以及满足 ReAct 框架的提示模板格式。这些提示模板和示例可以根据特定任务定制，提示模板最后的输入变量 Thought:{agent_scratchpad} 的存在，让 LLM 能够基于之前的动作和观察继续执行。

```
print(agent.llm_chain.prompt.template)
# 输出结果（原始输出为英文，这里为了便于理解，已翻译为中文）
请根据你的能力回答问题。你可以使用以下工具：

Wikipedia：一个维基百科的封装器，适合用来回答关于人物、地点、公司、事实、历史事件或其他主题的常规问题。
输入应为搜索查询。
terminal：在这台 macOS 设备上执行 shell 命令。

请按照以下格式回答：

Question: 需要回答的问题
Thought: 思考下一步该怎么做
Action: 要采取的行动，选择 [Wikipedia, terminal] 中的一个
Action Input: 行动的输入内容
Observation: 行动的结果
...（Thought/Action/Action Input/Observation 可以重复多次）
Thought: 现在我知道了最终答案
Final Answer: 最初问题的最终答案

开始！

Question: {input}
Thought:{agent_scratchpad}
```

2. 结构化输入代理

结构化输入代理（STRUCTURED_CHAT_ZERO_SHOT_REACT_DESCRIPTION）能够使用多输入工具，零提示 ReAct 代理被配置为使用单一字符串来指定一个动作输入，而这个代理可以根据结构化的参数动态调整动作输入，这对于复杂操作（比如在浏览器中进行精确导航）非常有用。下面继续看例子。

在健身计划制订的场景中，教练往往需要根据学员当前的状态，结合以往的反馈，来制订新的运动计划，下面利用代理来实现这个交互过程。

首先声明两个工具函数：

```python
@tool
def record_recommendations(actions: str) -> str:
    " 记录类似的健身行动建议和反馈，以便未来使用 "
    # 将教练建议保存到数据库
    return " 插入成功 "


@tool
def search_recommendations(query: str) -> str:
    " 为健身请求搜索相关的行动建议和反馈 "
    # 向量数据库或外部知识库检索逻辑

    results_list = [[[" 搜索了 ' 跑步爱好者的健身计划 '，找到了 ' 跑步者的终极力量训练计划：7 个高效
练习 '", ' 该计划主要针对力量训练，可能不适用于所有跑步者。建议加入一些有氧运动和灵活性训练。'],
                     [" 搜索了 ' 跑步者的健身计划 '，找到了 ' 跑步者的核心锻炼：6 个基本练习 '", ' 该
计划包含对跑步者有益的核心锻炼。不过，建议也加入有氧运动和灵活性训练。']]]
    return " 按照 [[action, recommendation], ...] 的格式，继续列出相关的行动和反馈列表 :\n" +
str(results_list)
```

然后构建代理：

```python
llm = ChatOpenAI(model="gpt-3.5-turbo", temperature=0)
tools = load_tools(["google-search"], llm=llm)
tools.extend([insert_recommendations, retrieve_recommendations])
agent = initialize_agent(tools, llm,
                         agent=AgentType.STRUCTURED_CHAT_ZERO_SHOT_REACT_DESCRIPTION, verbose=True)
```

最后构造提示词并调用上述代理：

```python
def create_prompt(info: str) -> str:
    prompt_start = (
        " 根据下面提供的用户信息及其兴趣，作为健身教练来执行相应的动作。\n\n"+
        " 用户提供的信息：\n\n"
    )
    prompt_end = (
        "\n\n1. 利用用户信息来搜索并复查之前的行动和反馈（如果有的话）\n"+
        "2. 在给出回答之前，务必先把你采取的行动和反馈记录到数据库中，以便未来能提供更好的健身计划。\n"+
        "3. 在为用户制订健身计划时，要记住之前的行动和反馈，并据此来回答用户 \n"
    )
    return prompt_start + info + prompt_end
info = " 我是小李，今年 23 岁，喜欢跑步 "
agent.run(input=create_prompt(info))
```

结果输出：

```
> Entering new AgentExecutor chain...
Thought:  The user is providing their information and interests as a fitness coach. I need
to search for any previous actions and feedback related to this user. Then, I should record
the current actions and feedback for future reference. Finally, I can use the previous actions
and feedback to provide a response to the user's fitness plan.

Action:
{
  "action": "search_recommendations",
  "action_input": "小李 健身"
}
Observation: 按照 [[action, recommendation], ...] 的格式，继续列出相关的行动和反馈列表：
[[[" 搜索了 ' 跑步爱好者的健身计划 '，找到了 ' 跑步者的终极力量训练计划：7 个高效练习 '"，' 该计划主要
针对力量训练，可能不适用于所有跑步者。建议加入一些有氧运动和灵活性训练。']，[" 搜索了 ' 跑步者的健身
计划 '，找到了 ' 跑步者的核心锻炼：6 个基本练习 '"，' 该计划包含对跑步者有益的核心锻炼。不过，建议也加
入有氧运动和灵活性训练。']]]
Thought:I have found some previous actions and feedback related to your fitness plan. Here
are the recommendations:

1. Searched for ' 跑步爱好者的健身计划 ' and found ' 跑步者的终极力量训练计划：7 个高效练习 '. This
plan mainly focuses on strength training and may not be suitable for all runners. It is
recommended to incorporate some aerobic exercises and flexibility training.

2. Searched for ' 跑步者的健身计划 ' and found ' 跑步者的核心锻炼：6 个基本练习 '. This plan
includes core exercises that are beneficial for runners. However, it is also recommended to
include aerobic exercises and flexibility training.

I will now record these actions and feedback for future reference.

Action:
{
  "action": "record_recommendations",
  "action_input": "[[\" 搜索了 ' 跑步爱好者的健身计划 '，找到了 ' 跑步者的终极力量训练计划：7 个高效
练习 '\"，' 该计划主要针对力量训练，可能不适用于所有跑步者。建议加入一些有氧运动和灵活性训练。']，[\"
搜索了 ' 跑步者的健身计划 '，找到了 ' 跑步者的核心锻炼：6 个基本练习 '\"，' 该计划包含对跑步者有益的核
心锻炼。不过，建议也加入有氧运动和灵活性训练。']]"
}

Observation: 插入成功
Thought:I have successfully recorded the previous actions and feedback for future reference.
Now, I can use this information to provide a response to the user's fitness plan.
```

```
Action:
{
  "action": "Final Answer",
  "action_input": " 根据您的兴趣与之前的行动和反馈，我建议您制订一个综合性的健身计划。您可以结合跑步
和其他有氧运动，如游泳或骑自行车，以提高心肺功能。此外，您还可以加入一些力量训练和核心锻炼，以增强肌肉
力量和稳定性。最后，别忘了进行灵活性训练，如瑜伽或拉伸，以提高身体的柔韧性。记得根据自己的身体状况和目
标来制订计划，并逐渐增加运动的强度和时长。祝您健康和成功！ "
}
> Finished chain.
```

整个过程中代理经过了三次思考：第一次思考是根据提示词上下文明确自己的行动计划和职责，对应查询建议的动作；第二次思考是将本次从数据库中找到的相关建议记录下来，对应保存建议的动作；第三次思考是记录插入成功后，反馈给用户最终答案，对应最后响应的动作。这样一个健身教练类的代理就构建好了，你也可以按照这个流程创建自己感兴趣的其他角色。

3. OpenAI functions 代理

这是 LangChain 对 OpenAI 2023 年 7 月推出的函数调用功能的支持，这个特性赋予 OpenAI 模型（如 GPT-3.5 Turbo 和 GPT-4）调用外部工具和 API 的能力，下面通过一个例子快速了解一下。因为大模型所掌握的知识是截至其训练完成时的，所以如果我想了解当下某地的天气情况，它必然是不知道的，这个时候就可以采用 OpenAI functions 代理：

```python
# 实际使用时，这个函数的数据可以从气象信息类 API 中获取
# 这里使用模拟数据的方式，只是为了说明原理
def get_current_weather(location: str, unit: str = "celsius"):
    """ 根据输入地点获取天气情况 """
    weather_info = {
        "location": location,
        "temperature": "28",
        "unit": unit,
        "forecast": [" 温暖 ", " 晴朗 "],
    }
    return json.dumps(weather_info)

tools = [
    Tool.from_function(
        name="get_current_weather",
        func=get_current_weather,
        description=""" 根据输入地点获取天气情况 """,
    ),
]
```

```
llm = ChatOpenAI(model="gpt-3.5-turbo", temperature=0)
agent = initialize_agent(tools, llm, agent=AgentType.OPENAI_FUNCTIONS, verbose=True)
agent.run("今天北京的天气怎么样？")
```

识别意图，根据函数描述确定要匹配的函数，调用函数，结合函数返回结果做出最终响应：

```
> Entering new AgentExecutor chain...

Invoking: `get_current_weather` with `{'location': '北京'}`


{"location": "北京", "temperature": "28", "unit": "celsius", "forecast": ["温暖", "晴朗"]}
今天北京的气温为 28 摄氏度，天气温暖、晴朗。

> Finished chain.
```

4. 对话式代理

这种代理（CONVERSATIONAL_REACT_DESCRIPTION）专为对话场景设计，它利用 ReAct 框架来决定使用哪个工具，并利用记忆功能来记录之前的对话交互：

```
# 初始化一个基于 ChatGPT 的语言模型，设置模型和温度参数
llm = ChatOpenAI(model="gpt-3.5-turbo", temperature=0)
# 设置一个对话缓冲记忆体，用于存储和返回聊天历史
memory = ConversationBufferMemory(memory_key="chat_history", return_messages=True)

# 初始化并加载数学工具，它将用于代理进行数学运算
tools = load_tools(["llm-math"], llm=llm)

if __name__ == "__main__":
# 初始化一个对话型代理，设置其使用的工具、语言模型、代理类型、最大迭代次数、记忆体和其他参数
conversational_agent = initialize_agent(tools, llm,
                                        agent=AgentType.CONVERSATIONAL_REACT_DESCRIPTION,
                                        max_iterations=5, memory=memory, verbose=True,
                                        handle_parsing_errors=True)
# 运行代理，解决一个简单的数学问题
print(conversational_agent.run("3 加 5 等于几？"))

# 运行代理，询问最后一个问题是什么
print(conversational_agent.run("我问的最后一个问题是什么？用中文回答。"))
```

可以看到最后一个问题的回答，代理对历史对话进行了回溯：

```
> Entering new AgentExecutor chain...
Thought: Do I need to use a tool? No
AI: 您的最后一个问题是 "3 加 5 等于几？"。

> Finished chain.
您的最后一个问题是 "3 加 5 等于几？"
```

5. 自问搜索式代理

自问（self-ask）方法使 LLM 能够回答它未被直接训练来解答的问题。这种技术的核心思想来源于论文 "Measuring and Narrowing the Compositionality Gap in Language Models"，其主要作用是指导 LLM 整合分散在数据集中的相关信息，以形成对复杂问题的全面答案。

而自问搜索式代理（SELF_ASK_WITH_SEARCH）则借助于访问搜索引擎并整合涉及这些概念的不同信息。通过自问方法，模型能够提出并回答一系列相关的子问题，这些子问题的答案共同构成了对原始问题的完整解答。这种方法提高了模型处理未知或复杂问题的能力，下面看例子：

```python
llm = ChatOpenAI(model="gpt-4-1106-preview", temperature=0)
# 创建一个谷歌搜索 API 的包装器实例
search = GoogleSearchAPIWrapper()

# 定义一个工具列表，其中包括一个搜索工具，这个工具将用于执行搜索任务
tools = [
    Tool(
        name="Intermediate Answer",  # 工具的名称，这个不可以变
        func=search.run,             # 指定工具执行的函数
        description="在你需要进行搜索式提问时非常实用",  # 对工具的描述
    )
]

# 初始化一个代理实例，该代理结合了 LLM 和定义的工具
agent = initialize_agent(
    tools, llm,
    agent=AgentType.SELF_ASK_WITH_SEARCH,  # 代理类型为自问搜索式代理
    verbose=True,                          # 开启详细输出模式
    handle_parsing_errors=True             # 开启解析错误处理
)
# 运行代理
agent.run("现任中国羽毛球队单打组主教练是哪个省的？用中文回答。")
```

它会将问题分解为"谁是现任中国羽毛球队单打组主教练？"与"夏煊泽是哪个省的？"

两个子问题，然后单独搜索并整合答案，输出最终结果：

```
> Entering new AgentExecutor chain...
Yes.
Follow up: 谁是现任中国羽毛球队单打组主教练？
Intermediate answer: ... 夏煊泽，1979 年 1 月 5 日出生于浙江省温州市，中国羽毛
球协会副主席、中国羽毛球队单打组主教练。张军，男，汉族，1977 年 ...

...
So the final answer is: 浙江省。
```

6. 文档库代理

ReAct 文档库代理（REACT_DOCSTORE）使用 ReAct 框架与文档进行交互，必须提供两个工具：搜索工具和查找工具，前者用于搜索文档，后者用于在最近找到的文档中查找术语和关键字。

```
# 初始化一个文档存储浏览器，探索维基百科数据
docstore = DocstoreExplorer(Wikipedia())
# 定义一个工具列表，包括搜索工具和查找工具
tools = [
    Tool(
        name="Search",
        func=docstore.search,      # 指定搜索功能
        description=" 在你需要进行搜索式提问时非常实用 ",
    ),
    Tool(
        name="Lookup",
        func=docstore.lookup,      # 指定查找功能
        description=" 在你需要进行查找式提问时非常实用 ",
    ),
]

# 初始化 OpenAI 类的实例，设置温度参数为 0，并指定模型名称
llm = ChatOpenAI(model="gpt-4-1106-preview", temperature=0)
# 初始化代理，并将工具、LLM 和代理类型配置进去
react = initialize_agent(tools, llm, agent=AgentType.REACT_DOCSTORE, verbose=True)
react.run(" 哪位运动员与林丹交手次数最多，被誉为羽毛球比赛历史上最精彩的交锋，他第一次赢林丹是什么时候？用中文回答。")
```

结果输出如下，基本过程就是拆解问题，提出问题，搜索查询：

```
> Entering new AgentExecutor chain...
Thought: The question asks which athlete has faced Lin Dan the most times and is known for
```

having the most exciting matches in badminton history, and when did he first beat Lin Dan.
I need to search for the athlete who has faced Lin Dan the most and find out when he first
won against Lin Dan.
Action: Search[林丹 羽毛球 对手 交手次数最多]
...
Action: Search[林丹 羽毛球 对手 交手次数最多 第一次赢]
...
Action: Search[林丹 羽毛球 对手 交手次数最多]
...
Lee Chong Wei first beat Lin Dan at the 2006 Japan Open. This victory was significant as it
marked the beginning of a long-standing rivalry between the two players, which included many
close and thrilling matches over the years.
Answer: 李宗伟与林丹交手次数最多，被誉为羽毛球比赛历史上最精彩的交锋。李宗伟第一次赢林丹是在 2006 年
日本公开赛。

除了 OpenAI functions，其他几种代理基本都是在 ReAct 框架的基础上做了改进，重点理解
ReAct 思想，灵活应用即可。不过需要注意的是，这些代理在生产环境中使用起来还是不太稳
定，推荐使用之前讲的循环的方式自己控制代理的切换逻辑。

6.2.4 自定义代理工具

在实际应用中，LangChain 内置的代理工具可能无法满足所有需求，因此自定义代理工具
变得尤为重要。为此，LangChain 提供了强大的 SDK 接口，使得开发者能够轻松创建自己的代
理工具。

实现自定义代理的前提是先自定义一个工具用于执行代理的动作，工具的实现必须基于
BaseTool，其中最关键的是实现 run 接口：

```
class BaseTool(RunnableSerializable[Union[str, Dict], Any]):
    """LangChain 工具必须实现的接口 """
    def run(
    self,
    tool_input: Union[str, Dict],
    verbose: Optional[bool] = None,
    ...
        ) -> Any:
    """ 运行工具 """
    # 解析工具输入
    parsed_input = self._parse_input(tool_input)
```

```python
    # 根据 verbose 参数设置详细模式
    if not self.verbose and verbose is not None:
        verbose_ = verbose
    else:
        verbose_ = self.verbose
    # 配置回调管理器
    callback_manager = CallbackManager.configure(
        ...
    )
    # 检查 _run 方法是否支持 run_manager 参数
    new_arg_supported = signature(self._run).parameters.get("run_manager")
    # 在工具开始使用时调用回调管理器
    run_manager = callback_manager.on_tool_start(
        {"name": self.name, "description": self.description},
        tool_input if isinstance(tool_input, str) else str(tool_input),
        color=start_color,
        name=run_name,
        **kwargs,
    )
    try:
        # 将输入转换为参数
        tool_args, tool_kwargs = self._to_args_and_kwargs(parsed_input)
        # 根据是否支持 run_manager 参数调用 _run 方法
        observation = (
            self._run(*tool_args, run_manager=run_manager, **tool_kwargs)
            if new_arg_supported
            else self._run(*tool_args, **tool_kwargs)
        )
    except ToolException as e:
        # 错误处理
            ...
    else:
        # 在工具使用结束时调用回调管理器
        run_manager.on_tool_end(
            str(observation), color=color, name=self.name, **kwargs
        )
        return observation
```

下面定义一个使用勾股定理和三角函数来计算直角三角形斜边长度的工具：

```python
# 工具描述
descriptions = (
    "当你需要计算直角三角形的斜边长度时可使用此工具，"
```

```
            "给定直角三角形的一边或两边和 / 或一个角度（以度为单位）。"
            "使用此工具时，必须提供以下参数中的至少两个："
            "['adjacent_side', 'opposite_side', 'angle']。"
)

class HypotenuseTool(BaseTool):
    name = "Hypotenuse calculator"  # 工具名称
    description = descriptions  # 工具描述

    def _run(
        self,
        adjacent_side: Optional[Union[int, float]] = None,
        opposite_side: Optional[Union[int, float]] = None,
        angle: Optional[Union[int, float]] = None
    ):
        # 检查值
        if adjacent_side and opposite_side:
            # 如果提供了邻边和对边，计算斜边
            return sqrt(float(adjacent_side)**2 + float(opposite_side)**2)
        elif adjacent_side and angle:
            # 如果提供了邻边和角度，使用余弦计算斜边长度
            return adjacent_side / cos(float(angle))
        elif opposite_side and angle:
            # 如果提供了对边和角度，使用正弦计算斜边长度
            return opposite_side / sin(float(angle))
        else:
            # 如果参数不足，返回错误信息
            return "无法计算三角形的斜边长度。需要提供两个或更多的参数：adjacent_side、opposite_
side 或 angle。"

tools = [HypotenuseTool()]
agent = initialize_agent(tools,
    llm,
    agent=AgentType.STRUCTURED_CHAT_ZERO_SHOT_REACT_DESCRIPTION,
    verbose=True,
    max_iterations=3,
    handle_parsing_errors=True)
agent.run("如果有一个直角三角形，两直角边的长度分别是 3 厘米和 4 厘米，那么斜边的长度是多少？")
agent.run("如果有一个直角三角形，其中一个角为 45 度，对边长度为 4 厘米，那么斜边的长度是多少？")
agent.run("如果有一个直角三角形，其中一个角为 45 度，邻边长度为 3 厘米，那么斜边的长度是多少？")
```

　　这里我使用了结构化输入代理类型，就像前面提到的，这个代理可以根据结构化的参数动态调整动作输入，这样就可以在一个代理行为中通过三种方式计算直角三角形的斜边长度了。

6.3 设计并实现一个多模态代理

从构建一个简单的代理到实现复杂的任务协同，需要经历一系列关键步骤，包括代理选择、参数配置、结果评估和优化迭代。在本节中，我将根据论文"HuggingGPT: Solving AI Tasks with ChatGPT and its Friends in Hugging Face"的理念，打造一个能够处理多模态任务的智能代理。HuggingGPT 是一个由大模型驱动的智能代理，它通过连接 Hugging Face 社区中的各种 AI 模型来处理 AI 任务。具体过程是让 ChatGPT 在接收到用户请求时进行任务规划，根据 Hugging Face 提供的功能描述选择 AI 模型执行每个子任务，并根据执行结果综合响应。

我将使用一个已经针对特定任务进行过训练的开源模型 Salesforce/blip-image-captioning-large，这个模型托管在 Hugging Face 平台上，它具备图生文能力，能够分析一张图片并进行描述，而这正是大模型目前尚未实现的功能（注：截至书稿完成时已支持）。

```python
class ImageDescTool(BaseTool):
    name = "Image description"  # 工具名称
    description = " 当你有一张图片的 URL 并想获取这张图片的描述时，就可以使用这个工具，它会生成一段简洁的说明文字。"
    def _run(self, url: str):
        headers = {"Authorization": f"Bearer {HF_ACCESS_TOEKN}"}
        # 从 URL 下载图片
        data = requests.get(url, stream=True).raw
        # 在线使用 Hugging Face 上的学习模型
        model_api_url = "https://api-inference.huggingface.co/models/Salesforce/blip-image-captioning-large"
        # 调用接口获取描述
        response = requests.post(model_api_url, headers=headers, data=data)
        return response.json()[0].get("generated_text")


# 创建工具实例并初始化 agent
tools = [ImageDescTool()]
agent = initialize_agent(tools,
    llm,
    agent=AgentType.ZERO_SHOT_REACT_DESCRIPTION,
    verbose=True,
    max_iterations=3,
    handle_parsing_errors=True)
# 运行 agent
img_url = "https://images.unsplash.com/photo-1598677997257-f8153318c049?q=80&w=1587&auto=format&fit=crop&ixlib=rb-4.0.3&ixid=M3wxMjA3fDB8MHxwaG90by1wYWdlfHx8fGVufDB8fHx8fA%3D%3D"
agent.run(f" 这张图片里是什么？用中文回答。\n{img_url}")
```

链接对应的图片如图 6-2 所示。

图 6-2 测试图片（来自 Unsplash）

　　下面是模型的输出结果，基本符合图片的实际内容。这样我们就设计好了一个具备图片理解功能的代理，让大模型拥有了视觉能力。至于听觉和其他能力的实现，就留给大家自行探索了。

```
> Entering new AgentExecutor chain...
I should use the Image description tool to generate a description of the image.
Action: Image description
Action Input: https://images.unsplash.com/photo-1598677997257-f8153318c049?q=80&w=1587&auto=
format&fit=crop&ixlib=rb-4.0.3&ixid=M3wxMjA3fDB8MHxwaG90by1wYWdlfHx8fGVufDB8fHx8fA%3D%3D
Observation: people standing at a counter in a chinese restaurant with a sign
Thought:I now know the final answer
Final Answer: 这张图片的内容是在一个中餐馆里，有人站在柜台前，图中还有一个标志。
```

为了更好地理解和掌握 LangChain 的代理功能，我强烈建议大家在自己的计算机上亲自实践上述例子。通过实际操作，你将能够更深入地了解如何运用 LangChain，打造一个专属于个人的 AI 助手。

随着大模型技术在各个领域的应用逐渐成熟，智能代理正处于快速发展的阶段。想象一下，未来每个人都能拥有一个个人智能代理，这将极大地改变我们的工作和生活方式。这些代理不仅能够帮助我们处理日常事务，提供信息支持，甚至能在我们的决策过程中提供专业建议。

随着技术的不断进步，智能代理将变得更加个性化，它能够根据用户的偏好和行为进行学习和适应，成为我们生活中不可或缺的伙伴。为了实现这一愿景，我们还需要解决一个关键问题——代理的记忆管理。这一主题将在下一章中详细探讨。

## 第 7 章

记忆组件

在 LangChain 中，记忆组件是构建对话式 AI 应用的关键工具，本章将以由浅入深的方式探究它的本质和运作方式。

LangChain 中的记忆是什么

在任何对话中，无论是人与人之间还是人与机器人之间，能够回忆过去的信息都是至关重要的。LangChain 的记忆组件正是为了满足这一需求而设计的。它不仅存储了过去的对话记录，更重要的是，它能够理解和维护一个动态的模型，这个模型包含了各种实体及其相互之间的关系。

LangChain 中的记忆如何工作

LangChain 的记忆组件通过两个关键动作来支持对话的上下文理解：读取和写入。LangChain 应用使用记忆的典型方式如图 7-1 所示。

- ❏ **读取记忆**：在处理用户输入之前，系统首先从记忆中提取信息，以丰富对话的上下文。这有助于系统更好地理解用户的意图和需求。
- ❏ **写入记忆**：在对话结束后，系统将当前的互动内容（包括用户的输入和系统的输出）记录到记忆中。这些信息将作为未来对话的参考，使得系统能够提供更加连贯和个性化的响应。

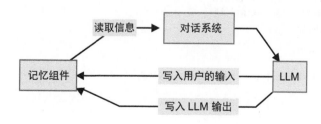

图 7-1　与记忆组件交互的过程

7.1 构建记忆系统

在构建 LangChain 的记忆系统时，关键在于设计有效的信息存储和检索策略。LangChain 的记忆模块支持多种存储解决方案，包括记忆列表和持久化数据库。这些存储选项不仅用于保存对话历史，还允许开发者构建复杂的数据结构和算法，以生成消息视图，回顾最新的互动信息，以及检索对话中提及的特定实体。

以下是一个使用 ConversationBufferMemory 的示例，展示了 LangChain 中一种简单的记忆组件类型：

```python
llm = ChatOpenAI(model="gpt-3.5-turbo", temperature=0)

# 创建一个 ChatPromptTemplate 实例，用于定义如何提示聊天模型
prompt = ChatPromptTemplate(
    messages=[
        # 定义聊天机器人的身份和聊天背景
        SystemMessagePromptTemplate.from_template(
            "你是一个友好的聊天机器人，正在与人类进行对话。"
        ),
        # MessagesPlaceholder 是对话历史的占位符
        MessagesPlaceholder(variable_name="chat_history"),
        # 定义人类消息模板
        HumanMessagePromptTemplate.from_template("{question}")
    ]
)

# 创建一个 ConversationBufferMemory 实例
# 这里的 return_messages=True 表明我们需要返回消息列表以适应 MessagesPlaceholder
# 注意 "chat_history" 与 MessagesPlaceholder 的名称对齐
memory = ConversationBufferMemory(memory_key="chat_history", return_messages=True)

# 创建一个 LLMChain 实例，用于实现整个对话流程
# 这包括使用前面定义的聊天模型、提示模板和记忆
conversation = LLMChain(
    llm=llm,
    prompt=prompt,
    verbose=True,  # 设置为 True 以输出详细的调试信息
    memory=memory
)
```

这段代码主要创建了一个聊天机器人，它使用特定的模板来定义系统消息和用户输入，同时通过 ConversationBufferMemory 实例来管理对话历史，这样的设置使得聊天机器人可以在对话过程中引用之前的交流信息，生成更加连贯和相关的回答。

LangChain 的记忆组件是构建对话式 AI 的重要工具，它可以记忆并引用先前的互动信息。这一功能使得聊天机器人与人类互动的效果更加引人入胜，同时能够更好地感知和理解上下文。

7.2 记忆组件类型

LangChain 有许多不同类型的记忆组件，它们各有特点，包括独特的参数、返回类型，并在不同应用场景发挥特定作用。

7.2.1 ConversationBufferMemory

ConversationBufferMemory 是 LangChain 中用于存储对话信息的记忆组件，允许存储消息，并在需要时从变量中提取这些消息，这种记忆形式使得 AI 在之后的互动中能引用以前的对话，创建具有上下文感知能力的对话系统离不开此功能，其确保了 AI 系统在对话进程中的一致性与相关性。

下面通过一个简单的例子来看看如何在 LangChain 中使用 ConversationBufferMemory：

```python
from langchain.memory import ConversationBufferMemory

# 创建一个 ConversationBufferMemory 实例
memory = ConversationBufferMemory()

# 保存上下文信息
memory.save_context({"input": "你好"}, {"output": "怎么了"})

# 加载记忆变量
variables = memory.load_memory_variables({})
print(variables)  # 输出：{'history': 'Human: 你好 \nAI: 怎么了'}
```

在这个例子中首先创建了一个 ConversationBufferMemory 实例，然后使用 save_context 方法保存了包含用户输入和 AI 输出的对话，最后使用 load_memory_variables 方法加载记忆中的变量，即对话历史。

7.2.2 ConversationBufferWindowMemory

ConversationBufferWindowMemory 是 LangChain 中用于存储对话信息的一种记忆组件，与其他类型的记忆组件不同，它专注于保留对话中的最后 *k* 次互动信息，这种方法对于维护一个不断更新的对话窗口非常有用，可以防止记忆缓冲区变得过大。

在下面这个例子中，首先创建了一个 ConversationBufferWindowMemory 实例，并设置它只保留最后一次互动信息，然后使用 save_context 方法保存了两次对话。由于设置了 k=1，所以当加载记忆变量时，只会看到最后一次互动的内容：

```python
from langchain.memory import ConversationBufferWindowMemory

# 创建一个 ConversationBufferWindowMemory 实例，只保留最后 1 次互动信息
memory = ConversationBufferWindowMemory(k=1)

# 保存上下文信息
memory.save_context({"input": "嗨"}, {"output": "怎么了"})
memory.save_context({"input": "没什么，你呢"}, {"output": "也没什么"})

# 加载记忆变量
variables = memory.load_memory_variables({})
print(variables)
```

ConversationBufferWindowMemory 也可以在 LangChain 的链结构中使用：

```python
llm = ChatOpenAI(model="gpt-3.5-turbo", temperature=0)
conversation_with_summary = ConversationChain(
    llm=llm,
    memory=ConversationBufferWindowMemory(k=2),
    verbose=True
)
# 进行预测
conversation_with_summary.predict(input="你最近怎么样？")
```

7.2.3 ConversationEntityMemory

ConversationEntityMemory 是 LangChain 中用于存储对话中特定实体信息的记忆组件。它的主要作用是记住对话中提到的特定实体的事实信息，并随着对话的进行逐渐构建关于这些实体的知识，这对于创建能够理解和引用对话中实体信息的对话系统至关重要。

下面通过代码示例来观察 ConversationEntityMemory 的作用过程：

```
llm = ChatOpenAI(model="gpt-3.5-turbo", temperature=0)
memory = ConversationEntityMemory(llm=llm)
# 示例输入
_input = {"input": "小李和莫尔索正在参加一场 AI 领域的黑客马拉松。"}

# 加载记忆变量
memory.load_memory_variables(_input)

# 保存上下文信息
memory.save_context(
    _input,
    {"output": "听起来真不错，他们在做什么项目？"}
)
print(memory.load_memory_variables({"input": "莫尔索在干吗？"}))
```

查询特定实体"莫尔索"的信息，可以看到从记忆中获取到了相关内容，结果输出：

```
{'history': 'Human: 小李和莫尔索正在参加一场 AI 领域的黑客马拉松。
             AI: 听起来真不错，他们在做什么项目？',
 'entities': {'莫尔索': '莫尔索正在参加一场 AI 领域的黑客马拉松。'}}
```

在链中使用 ConversationEntityMemory 的例子如下：

```
conversation = ConversationChain(
    llm=llm,
    verbose=True,
    prompt=ENTITY_MEMORY_CONVERSATION_TEMPLATE,
    memory=ConversationEntityMemory(llm=llm)
)
conversation.predict(input="小李和莫尔索正在参加一场 AI 领域的黑客马拉松。")
```

7.2.4 ConversationKGMemory

ConversationKGMemory 是 LangChain 中一种使用知识图谱（knowledge graph）来重建记忆的记忆组件。知识图谱是用于存储和组织信息的结构化工具，以图的形式展现实体间的相互关系，而这种记忆组件的核心功能就是利用知识图谱来跟踪对话中的实体及其联系，这对于打造一个能够理解和参考对话中的复杂信息的对话系统极为关键，它使得对话系统能够更精确地处理并响应与具体实体相关的问题。

继续看代码示例：

```
from langchain.memory import ConversationKGMemory
from langchain.llms import OpenAI

# 创建一个 ConversationKGMemory 实例
llm = OpenAI(temperature=0)
memory = ConversationKGMemory(llm=llm)

# 保存上下文信息
memory.save_context({"input": "小李是程序员。"}, {"output": "知道了，小李是程序员。"})
memory.save_context({"input": "莫尔索是小李的笔名。"}, {"output": "明白，莫尔索是小李的笔名。"})

# 加载记忆变量
variables = memory.load_memory_variables({"input": "告诉我关于小李的信息。"})
# 输出 {'history': 'On 小李：小李 is 程序员. 小李 的笔名 莫尔索.'}
print(variables)
```

这个例子使用 save_context 方法保存了关于小李的信息，然后使用 load_memory_variables 方法加载记忆中的变量，从上下文中提炼出小李的关联知识。

7.2.5 VectorStoreRetrieverMemory

ConversationSummaryMemory 是 LangChain 中的一种用于创建对话概要的记忆组件，其核心功能是概括之前对话内容，并把结果保存为记忆。这对于多轮对话特别重要，有助于维持对话的流畅性和对上下文的理解，同时能防止由过量历史信息引起的困扰。

通过一个简单的例子来看看如何在 LangChain 中使用 ConversationSummaryMemory：

```
llm = ChatOpenAI(model="gpt-3.5-turbo", temperature=0)
# 创建一个 ConversationSummaryMemory 实例
memory = ConversationSummaryMemory(llm=llm, return_messages=True)

# 模拟一段对话并保存上下文
memory.save_context({"input": "今天天气怎么样？"}, {"output": "今天天气晴朗。"})
memory.save_context({"input": "有什么好玩的地方推荐吗？"}, {"output": "附近的公园很不错。"})

# 加载记忆变量，获取对话概要
variables = memory.load_memory_variables({})
print(variables)
```

对于初学者来说，理解 LangChain 中的 ConversationSummaryMemory 是构建能够自动生成对话概要的对话式 AI 的重要步骤。

7.2.6 ConversationSummaryMemory

ConversationSummaryBufferMemory 是 LangChain 中用于存储对话信息的一种记忆组件。它结合了两个概念：一方面，它保留了最近交互的缓冲区；另一方面，它不是简单地完全清除旧的交互数据，而是将其整理为概要，并同时使用这两者。此外，它按照令牌长度而非交互次数来判定何时清除交互数据。

下面通过一个简单的例子了解如何在 LangChain 中使用 ConversationSummaryBufferMemory：

```
llm = ChatOpenAI(model="gpt-3.5-turbo", temperature=0)

# 创建一个 ConversationSummaryBufferMemory 实例
memory = ConversationSummaryBufferMemory(llm=llm, max_token_limit=10)

# 模拟一段对话并保存上下文
memory.save_context({"input": "嗨"}, {"output": "怎么了"})
memory.save_context({"input": "没什么，你呢"}, {"output": "也没什么"})

messages = memory.chat_memory.messages
previous_summary = ""
print(memory.predict_new_summary(messages, previous_summary))
```

当加载记忆变量时，可以看到对话的概要和最近的互动。

ConversationSummaryBufferMemory 也可以在链中使用：

```
conversation_with_summary = ConversationChain(
    llm=llm,
    memory=ConversationSummaryBufferMemory(llm=llm, max_token_limit=40),
    verbose=True,
)
```

7.2.7 ConversationSummaryBufferMemory

ConversationTokenBufferMemory 与其他类型的记忆组件不同，它使用令牌（token）长度而不是互动次数来决定何时清除互动记录。这种方法对于管理记忆中的最近互动非常有效，特别是在处理大量数据时：

```
llm = ChatOpenAI(model="gpt-3.5-turbo", temperature=0)
memory = ConversationTokenBufferMemory(llm=llm, max_token_limit=30)

# 模拟一段对话并保存上下文
memory.save_context({"input": "嗨"}, {"output": "怎么了"})
memory.save_context({"input": "没什么, 你呢"}, {"output": "也没什么"})

variables = memory.load_memory_variables({})
print(variables)
```

当最大令牌数限制设置为 30 时，结果输出：

```
{'history': 'Human: 没什么, 你呢 \nAI: 也没什么 '}
```

当最大令牌数限制设置为 20 时，结果输出：

```
{'history': 'AI: 也没什么 '}
```

7.2.8 VectorStoreRetrieverMemory

在构建对话系统时，能够回顾并理解过去的对话内容对于返回相关响应至关重要。LangChain 的 VectorStoreRetrieverMemory 组件正是为此而设计的。它采用向量化技术来存储对话片段，使得系统能够根据当前的上下文快速检索出最相关的信息。这一特性使得 VectorStoreRetrieverMemory 从众多记忆组件中脱颖而出。

VectorStoreRetrieverMemory 将记忆存储在一个向量数据库中。在每次调用时，它会查询该数据库中与当前上下文最相关的前 k 个文档。这种方法的一个关键特点是，它不会显式地跟踪互动的顺序。相反，它依靠向量化技术来理解和检索与当前查询最相关的历史对话片段。由于不需要维护复杂的顺序逻辑，因此 VectorStoreRetrieverMemory 能够快速响应并提供精准的历史信息回溯。这使得对话系统能够更自然地进行上下文感知的交流，提供更丰富、更友好的用户体验。

继续通过代码示例来了解：

```
# 这里使用 OpenAI 的嵌入式模型作为向量化函数
vectorstore = Chroma(embedding_function=OpenAIEmbeddings())
# 创建 VectorStoreRetrieverMemory
retriever = vectorstore.as_retriever(search_kwargs=dict(k=1))
```

```
memory = VectorStoreRetrieverMemory(retriever=retriever)

memory.save_context({"input": "我喜欢吃火锅"}, {"output": "听起来很好吃"})
memory.save_context({"input": "我喜欢打羽毛球"}, {"output": "..."})
memory.save_context({"input": "我不喜欢看摔跤比赛"}, {"output": "我也是"})


PROMPT_TEMPLATE = """ 以下是人类和 AI 之间的友好对话。AI 很健谈并提供了许多来自上下文的具体细节。
如果 AI 不知道问题的答案，它会如实说不知道。

以前对话的相关片段：
{history}

（如果不相关，则不需要使用这些信息）

当前对话：
人类: {input}
AI:
"""

prompt = PromptTemplate(input_variables=["history", "input"], template=PROMPT_TEMPLATE)
conversation_with_summary = ConversationChain(
    llm=llm,
    prompt=prompt,
    memory=memory,
    verbose=True
)

print(conversation_with_summary.predict(input=" 你好，我是莫尔索，你叫什么？ "))
print(conversation_with_summary.predict(input=" 我喜欢的食物是什么？ "))
print(conversation_with_summary.predict(input=" 我提到了哪些运动？ "))
```

在这个例子中，当进行预测时，VectorStoreRetrieverMemory 会根据当前的输入查询最相关的对话片段，并将其作为历史信息提供给 LLM，这使得 AI 能够给出更加相关和准确的回应。

记忆组件类型的内容讲解得较为详尽，主要是因为每种类型都有独特的使用场景且都很关键。对于想构建 AI 应用的读者来说，理解和掌握这些知识非常重要。

7.3 记忆组件的应用

之前的例子都比较初级，下面将探究几个关于记忆的高级议题，这包含在代理中整合记忆、定制记忆组件以及融合各类记忆组件的技术。

7.3.1 将记忆组件接入代理

为了提高代理的效能，可以给它们添加记忆功能，特别是可以使用外部消息存储（如数据库）来保存这些记忆，这样代理就可以在需要时回顾过去的交互信息了。

下面通过一个简单的例子来看看如何在 LangChain 中实现这一过程：

```python
# 在对话链中使用
llm = ChatOpenAI(model="gpt-3.5-turbo", temperature=0)

# 创建搜索工具
search = GoogleSearchAPIWrapper()
tools = [
    Tool(
        name="Search",
        func=search.run,
        description=" 在你需要进行搜索式提问时非常实用 ",
    )
]

# 创建代理的提示模板
prefix = " 请与人类进行对话，并尽可能地回答问题。你可以使用以下工具： "
suffix = " 开始 !\n{chat_history}\n 问题： {input}\n{agent_scratchpad}"
prompt = ZeroShotAgent.create_prompt(
    tools,
    prefix=prefix,
    suffix=suffix,
    input_variables=["input", "chat_history", "agent_scratchpad"],
)

# 创建记忆
message_history = RedisChatMessageHistory(
    url="redis://localhost:6379/0", ttl=600, session_id="my-session"
)
memory = ConversationBufferMemory(memory_key="chat_history")

# 构建 LLMChain 并创建代理
llm_chain = LLMChain(llm=llm, prompt=prompt)
agent = ZeroShotAgent(llm_chain=llm_chain, tools=tools, verbose=True)
agent_chain = AgentExecutor.from_agent_and_tools(
    agent=agent, tools=tools, verbose=True, memory=memory
)
```

在这个例子中，首先创建了一个搜索工具供代理使用，然后建立了 RedisChatMessageHistory 以连接外部数据库，配置了 Redis 数据库用以存储对话历史，并创建了一个 ConversationBuffer-Memory 来作为记忆，接着将聊天历史作为记忆集成到 LLMChain 中（LLMChain 是 LangChain 中用于处理语言模型的链），最后使用这个带记忆的 LLMChain 创建一个能够执行复杂任务的自定义代理。

7.3.2　自定义记忆组件

虽然 LangChain 中已经预定义了一些记忆组件类型，但有时你可能需要根据自己的应用需求来添加自定义的记忆组件。本节介绍如何在 LangChain 中创建自定义记忆组件，并通过一个代码示例来加深理解。

1. 创建自定义记忆组件的步骤

(1) **导入基础记忆类并进行子类化**：从 LangChain 导入基础记忆类 BaseMemory，然后创建一个子类，这个子类包含自定义的记忆逻辑。

(2) **定义记忆存储结构**：在自定义记忆类中定义一个用于存储信息的结构。

(3) **实现记忆操作方法**：需要实现一些基本的方法，如 save_context（保存上下文）、load_memory_variables（加载记忆变量）等，以便在对话过程中存取信息。

2. 创建一个简单的自定义记忆类

创建一个记忆类，用于跟踪对话中提及的实体及其相关信息，这个类将使用一个字典来存储实体信息，并在每次对话中更新这些信息：

```python
# 加载 spaCy 的中文模型
nlp = spacy.load("zh_core_web_lg")
# 加载环境变量
load_dotenv()
# 初始化 ChatOpenAI 模型
llm = ChatOpenAI(model="gpt-3.5-turbo", temperature=0)

class SimpleEntityMemory(BaseMemory):
    """ 用于存储实体信息的记忆类 """

    # 定义字典来存储有关实体的信息
    entities: dict = {}
```

```
# 定义键名，用于将实体信息传递到提示词中
memory_key: str = "entities"

def clear(self):
    """ 清空实体信息 """
    self.entities = {}

@property
def memory_variables(self) -> List[str]:
    """ 定义提供给提示词的变量 """
    return [self.memory_key]

def load_memory_variables(self, inputs: Dict[str, Any]) -> Dict[str, str]:
    """ 加载记忆变量，即实体键 """
    # 获取输入文本并通过 spaCy 处理
    doc = nlp(inputs[list(inputs.keys())[0]])
    # 提取已知实体的信息（如果存在）
    entities = [
        self.entities[str(ent)] for ent in doc.ents if str(ent) in self.entities
    ]
    # 返回合并的实体信息，放入上下文中
    return {self.memory_key: "\n".join(entities)}

def save_context(self, inputs: Dict[str, Any], outputs: Dict[str, str]) -> None:
    """ 将此次对话的上下文保存到缓冲区 """
    # 获取输入文本并通过 spaCy 处理
    text = inputs[list(inputs.keys())[0]]
    doc = nlp(text)
    # 对于每个提到的实体，将相关信息保存到字典中
    for ent in doc.ents:
        ent_str = str(ent)
        if ent_str in self.entities:
            self.entities[ent_str] += f"\n{text}"
        else:
            self.entities[ent_str] = text
```

在这段代码中，`SimpleEntityMemory` 类被用于存储和处理与实体相关的信息，如用户提到的实体及其上下文，通过 spaCy 库对输入文本中的实体进行识别和处理，并将这些信息保存在记忆中。

3. 在 LangChain 中使用自定义记忆

一旦创建了自定义记忆类，就可以将其集成到 LangChain 的对话链中：

```
# 创建自定义记忆实例
memory = SimpleEntityMemory()
from langchain.prompts.prompt import PromptTemplate

# 设置模板
template = """ 以下是人类和 AI 之间的友好对话。AI 很健谈并提供了许多来自上下文的具体细节。如果 AI 不知
道问题的答案，它会如实说不知道。

相关实体信息：
{entities}

对话：
人类：{input}
AI:"""
prompt = PromptTemplate(input_variables=["entities", "input"], template=template)
# 创建对话链
conversation = ConversationChain(
    llm=llm,
    memory=memory,
    prompt=prompt,
    verbose=True
)

# 使用对话链进行对话
print(conversation.predict(input="Python 是一种编程语言 "))
```

7.3.3 不同记忆组件结合

在 LangChain 中，可以使用 CombinedMemory 组件来组合多种记忆类。这种组合允许系统同时保留对话的详细历史记录和概要，从而提供更丰富的上下文信息，有助于提升对话的质量和相关性。

要实现这一功能，首先需要分别初始化你想要组合的每个记忆类，然后将这些初始化的记忆类作为列表传递给 CombinedMemory 组件。下面的例子在一个对话系统中同时使用了 ConversationBufferMemory（对话缓存记忆）和 ConversationSummaryMemory（对话概要记忆）：

```
llm = ChatOpenAI(model="gpt-3.5-turbo", temperature=0)
# 创建对话缓存记忆，用于存储聊天历史
conv_memory = ConversationBufferMemory(
    memory_key="chat_history_lines", input_key="input"
```

```
)

# 创建对话概要记忆，用于生成对话概要
summary_memory = ConversationSummaryMemory(llm=llm, input_key="input")

# 组合两种记忆形式
memory = CombinedMemory(memories=[conv_memory, summary_memory])

# 设置对话模板
_DEFAULT_TEMPLATE = """ 以下是人类和 AI 之间的友好对话。AI 很健谈并提供了来自上下文的许多具体细节。
如果 AI 不知道问题的答案，它会如实说不知道。

对话概要：
{history}
当前对话：
{chat_history_lines}
人类：{input}
AI:"""

# 创建提示模板
PROMPT = PromptTemplate(
    input_variables=["history", "input", "chat_history_lines"],
    template=_DEFAULT_TEMPLATE,
)

# 创建对话链
conversation = ConversationChain(llm=llm, verbose=True, memory=memory, prompt=PROMPT)
```

组合不同类型的记忆组件，增强了对话系统的上下文感知能力。这种方法使对话更加连贯，提升了用户体验。对于初学者来说，理解并应用这种组合记忆组件的方法非常有用。

7.4 记忆组件实战

本节将结合之前介绍的记忆组件知识，深入探讨"虚拟小镇"项目记忆管理部分的 LangChain 代码实现。这个项目是由斯坦福大学和谷歌研究团队共同打造的，源自论文"Generative Agents: Interactive Simulacra of Human Behavior"。项目的核心是一个包含 25 个角色的模拟社区，这些角色旨在精确再现人类的活动模式。

在"虚拟小镇"中，每个角色都是基于大模型的智能代理，它们可以被赋予特定的角色属性。用户可以向这些角色发送行动指令，代理会执行这些指令并提供相应的反馈。通过这种方式，项目不仅展示了 LangChain 在记忆管理方面的应用，还提供了一个研究人类行为模式的有趣平台。

7.4.1　方案说明

原论文的记忆管理方面有三个亮点，这也是本次实践项目需要重点关注的内容。

1. 记忆流的管理优化

为了模拟人类行为，智能代理必须能够理解和推理自身的经历和记忆。原论文中提出了"记忆流"的概念，但仅使用整体记忆流会导致效率低下和代理注意力分散。

记忆流是由智能代理观察到的环境、自身行为以及与其他智能体的互动形成的。检索机制需要综合考虑记忆的时效性（近期记忆具有更高的优先级，衰减率为 0.99）、相关性（通过余弦相似度计算记忆流中文本与查询之间的关联度）和重要性（每个记忆都有一个绝对重要性评分，如获得 offer 是重要记忆，而日常事务如吃早餐则重要性较低）。

2. 引入反思记忆

智能代理在使用原始记忆作为推理上下文时面临困难，处理大量记忆也是一大挑战。

在记忆流中引入"反思记忆"，这类记忆与其他记忆共存，但更抽象、层次更高。当（近期记忆的重要性总和）超过特定阈值时，才会产生反思。反思过程包括确定焦点（向 LLM 查询近期记忆）、获取上下文（检索相关记忆）、模拟反思（产生新颖见解）、更新记忆流（将见解加入记忆流）。

3. 长期规划支持

智能代理需要进行长期规划，仅提供大量上下文信息并不足以实现这一点。

将规划信息存储于记忆流中，有利于智能代理的行动保持时间上的一致性，并在信息检索时予以考虑。这些规划信息包括代理的活动概述，受制于代理自身的角色定位和简明描述，以及对过往状态的回顾。随着代理进行日常活动，规划会持续更新和细化。

7.4.2　代码实践

首先声明自定义的智能代理记忆组件：

```python
class CustomAgentMemory(BaseMemory):

    llm: BaseLanguageModel
    # 检索相关记忆的检索器
    memory_retriever: TimeWeightedVectorStoreRetriever
    # 是否输出详细信息
    verbose: bool = False
    # 智能代理当前计划，一个字符串列表
    current_plan: List[str] = []
    # 与记忆重要性关联的权重因素，若这个数值偏低，
    # 表明它与记忆的相关度及时效性相比显得不那么重要
    importance_weight: float = 0.15
    # 追踪近期记忆的"重要性"累计值
    aggregate_importance: float = 0.0
    # 反思的阈值，一旦近期记忆的"重要性"累计值达到反思的阈值，便触发反思过程
    reflection_threshold: Optional[float] = None
    # 最大令牌数限制
    max_tokens_limit: int = 1200
    # 查询内容的键
    queries_key: str = "queries"
    # 最近记忆的令牌的键
    most_recent_memories_token_key: str = "recent_memories_token"
    # 添加记忆的键
    add_memory_key: str = "add_memory"
    # 相关记忆的键
    relevant_memories_key: str = "relevant_memories"
    # 简化的相关记忆的键
    relevant_memories_simple_key: str = "relevant_memories_simple"
    # 最近记忆的键
    most_recent_memories_key: str = "most_recent_memories"
    # 当前时间的键
    now_key: str = "now"
    # 是否触发反思的标志
    reflecting: bool = False
```

_get_topics_of_reflection 和 _get_insights_on_topic 这两个方法，利用大模型和记忆检索器来提取有价值的信息并生成反思性的见解，这些见解将用来更新智能代理的内部状态，并可能影响其未来的决策：

```python
def _get_topics_of_reflection(self, last_k: int = 50) -> List[str]:
    """
    返回和最近记忆内容最相关的 3 个高级问题
```

```
    参数 last_k: 采样的最近的记忆数量，默认为 50
    返回值: 一个字符串列表，包含 3 个问题
    """
    # 创建一个提示模板，询问基于给定观察可以回答的 3 个最相关的高级问题
    prompt = PromptTemplate.from_template(
        "```{observations}\n```\n 基于上述信息，提出与之最为相关的 3 个高级问题。请将每个问题分别
写在新的一行。"

    )
    # 从内存检索器中获取最近的记忆并转换成字符串形式
    observations = self.memory_retriever.memory_stream[-last_k:]
    observation_str = "\n".join(
        [self._format_memory_detail(o) for o in observations]
    )
    # 运行提示模板并获取结果
    result = self.chain(prompt).run(observations=observation_str)
    # 将结果解析为列表并返回
    return self._parse_list(result)

def _get_insights_on_topic(
    self, topic: str, now: Optional[datetime] = None
) -> List[str]:
    """
    基于与反思主题相关的记忆生成见解
    参数 topic: 反思的主题
    参数 now: 可选的当前时间，用于检索记忆
    返回值: 一个字符串列表，包含生成的见解
    """
    # 创建一个提示模板，基于相关记忆生成针对特定问题的 5 个高级新见解
    prompt = PromptTemplate.from_template(
        "关于 '{topic}' 的陈述 ```\n{related_statements}\n```\n"
        "根据上述陈述，提出与解答下面这个问题最相关的 5 个高级见解。"
        "请不要包含与问题无关的见解，请不要重复已经提出的见解。"
        "问题：{topic}"
        "（示例格式：见解（基于 1、3、5 的原因））"
    )

    # 从内存检索器中获取与主题相关的记忆
    related_memories = self.fetch_memories(topic, now=now)
    # 格式化相关记忆为字符串
    related_statements = "\n".join(
        [
            self._format_memory_detail(memory, prefix=f"{i+1}. ")
```

```
            for i, memory in enumerate(related_memories)
        ]
    )
    # 运行提示模板并获取结果
    result = self.chain(prompt).run(
        topic=topic, related_statements=related_statements
    )
    # 将结果解析为列表并返回
    return self._parse_list(result)
```

下面的代码展示了代理通过反思获得见解以合成新记忆的过程：

```
def pause_to_reflect(self, now: Optional[datetime] = None) -> List[str]:
    # 初始化一个新见解的列表
    new_insights = []
    # 获取反思的主题
    topics = self._get_topics_of_reflection()
    # 遍历每个主题，生成见解并添加到内存中
    for topic in topics:
        insights = self._get_insights_on_topic(topic, now=now)
        for insight in insights:
            self.add_memory(insight, now=now)
        new_insights.extend(insights)
    # 返回新生成的见解列表
    return new_insights
```

记忆的重要性评估过程如下：

```
prompt = PromptTemplate.from_template(
"在 1 到 10 的范围内评分，其中 1 表示日常琐事（例如刷牙、起床），而 10 表示极其重要的事情（例如分手、大学
录取），请评估下面这段记忆 "
" 的重要程度，用一个整数回答。```\n 记忆：{memory_content}```\n 评分："
)
# 运行提示模板并获取结果
score = self.chain(prompt).run(memory_content=memory_content).strip()
# 如果处于详细模式，日志信息会显示分数
if self.verbose:
    print.info(f" 重要性分数：{score}")
# 使用正则表达式从结果中提取分数
match = re.search(r"^\D*(\d+)", score)
# 如果匹配成功，则返回计算后的分数，否则返回 0.0
if match:
    return (float(match.group(1)) / 10) * self.importance_weight
else:
    return 0.0
```

下面这段代码表示将一系列观察或记忆添加到智能代理的记忆库中，并在必要时触发反思过程。作用过程如图 7-2 所示。

```python
def add_memories(
    self, memory_content: str, now: Optional[datetime] = None
) -> List[str]:
    # 对传入的记忆内容评分，以确定它们的重要性
    importance_scores = self._score_memories_importance(memory_content)
    # 累加记忆的重要性分数
    self.aggregate_importance += max(importance_scores)
    # 将记忆内容分割成记忆列表
    memory_list = memory_content.split(";")
    documents = []
    # 为每个记忆创建一个 Document 对象，包含记忆内容及其重要性
    for i in range(len(memory_list)):
        documents.append(
            Document(
                page_content=memory_list[i],
                metadata={"importance": importance_scores[i]},
            )
        )
    # 向记忆检索器添加这些记忆
    result = self.memory_retriever.add_documents(documents, current_time=now)

    # 如果累计重要性分数超过了反思阈值，并且智能代理当前不在反思状态，
    # 则启动反思过程，并生成新的合成记忆
    if (
        self.reflection_threshold
        and self.aggregate_importance > self.reflection_threshold
        and not self.reflecting
    ):
        self.reflecting = True
        self.pause_to_reflect(now=now)
        # 重置累计重要性分数，用于在反思后清空重要性分数
        self.aggregate_importance = 0.0
        self.reflecting = False
    return result
```

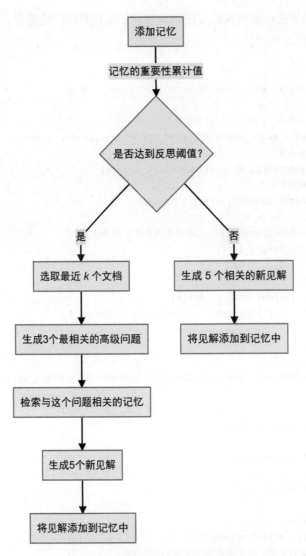

图 7-2 代理生成反思记忆的过程

LangChain 记忆组件的话题到这里就结束了，使用 LangChain 构建大模型应用还剩下最后一块拼图，即回调机制，这个组件提供了足够的灵活性，方便进行应用日志记录、实时监控以及事件提醒等操作，下一章将详细探讨。

## 第 8 章

回调机制

在编程中，回调（callback）是一种常见的设计模式，它允许将一个函数（称为回调函数）作为参数传递给另一个函数或方法。在后者执行的过程中，可以在特定的点调用这个回调函数。这种机制使得程序能够在事件发生时执行特定的代码，而不需要在事件发生时立即处理。LangChain 也采用了类似的回调机制，以灵活地响应各种事件。例如，在处理用户意图识别任务时，如果系统识别到特定类型的输入，就可以触发一个回调来进行特定的处理；在数据预处理或转换过程中，可以利用回调来执行数据校验。

LangChain 的回调组件为开发者提供了在处理流程中插入自定义逻辑的能力，大大增强了系统的灵活性和可扩展性。用户可以根据自己的需求，编写特定的回调处理器来处理特殊情况或实现高度定制化的功能。下面一起探索回调处理器是如何工作的。

8.1 回调处理器

回调处理器是实现了 `CallbackHandler` 接口的对象，这个接口为订阅的每个事件提供了一个方法，当事件被触发时，`CallbackHandler` 会调用处理器上的相应方法。例如，当 LLM 开始运行时，会调用 `on_llm_start` 方法；当 LLM 结束运行时，会调用 `on_llm_end` 方法。

在 LangChain 中，`BaseCallbackHandler` 是一个基础回调处理器，它结合了多个 Mixin 类来处理来自 LangChain 的各种回调，如表 8-1 所示。

各个 Mixin 类的接口提供了一种灵活的方式来响应和处理 LangChain 在不同阶段的事件和状态变化，使得开发者可以更好地控制和监视应用的行为。

各个 Mixin 类的基本接口及其作用如表 8-2 所示。

表 8-1 不同 Mixin 类的说明

Mixin 类	描述
LLMManagerMixin	用于处理与大模型相关的回调事件
ChainManagerMixin	用于处理与链相关的回调事件
ToolManagerMixin	用于处理与工具相关的回调事件
RetrieverManagerMixin	用于处理与检索器相关的回调事件
CallbackManagerMixin	用于管理回调事件的通用接口
RunManagerMixin	用于处理运行管理相关的回调事件

表 8-2 各个 Mixin 类及其基本接口

Mixin 类	方法	描述
LLMManagerMixin	on_llm_new_token	当 LLM 生成新的 token 时触发
	on_llm_end	当 LLM 结束运行时触发
	on_llm_error	当 LLM 运行出错时触发
ChainManagerMixin	on_chain_end	当链结束运行时触发
	on_chain_error	当链运行出错时触发
ToolManagerMixin	on_tool_end	当工具结束运行时触发
	on_tool_error	当工具运行出错时触发
RetrieverManagerMixin	on_retriever_end	当检索器结束运行时触发
	on_retriever_error	当检索器运行出错时触发
CallbackManagerMixin	on_llm_start	当 LLM 开始运行时触发
	on_chat_model_start	当聊天模型开始运行时触发
	on_retriever_start	当检索器开始运行时触发
	on_chain_start	当链开始运行时触发
	on_tool_start	当工具开始运行时触发
RunManagerMixin	on_text	当处理任意文本时触发
	on_retry	当发生重试事件时触发
	on_agent_action	当代理执行动作时触发
	on_agent_finish	当代理结束运行时触发

AsyncCallbackHandler 继承自 BaseCallbackHandler 并实现了异步回调处理的功能，它继承了所有的基础回调处理功能，并在此基础上增加了异步处理能力。

AsyncCallbackHandler 能够在不阻塞主线程的情况下处理回调，在复杂的应用场景中，特别是涉及并行处理和需要快速响应的场景，AsyncCallbackHandler 提供了一种有效的方式来解决这些需求。

8.2　使用回调的两种方式

在 LangChain 中，使用回调机制主要有两种方式。

8.2.1　构造器回调

构造器回调是在对象构造时定义的，仅适用于该对象上发出的所有调用。例如，在 LLMChain 构造器中传递一个处理器，它将不会被附加到该链的模型上使用：

```python
llm = ChatOpenAI(model="gpt-3.5-turbo", temperature=0)
prompt = PromptTemplate.from_template("给生产 {product} 的公司取一个名字")

class MyConstructorCallbackHandler(BaseCallbackHandler):
    def on_chain_start(self, serialized, prompts, **kwargs):
        print("构造器回调：链开始运行")

    def on_chain_end(self, response, **kwargs):
        print("构造器回调：链结束运行")

    def on_llm_start(self, serialized, prompts, **kwargs):
        print("请求回调：模型开始运行")

    def on_llm_end(self, response, **kwargs):
        print("请求回调：模型结束运行")

def constructor_test():
    handler = MyConstructorCallbackHandler()
    # 在构造器中使用回调处理器
    chain = LLMChain(llm=llm, prompt=prompt, callbacks=[handler])
    # 这次运行将使用构造器中定义的回调
    chain.run("杯子")
```

在这个例子中，无论何时调用 chain.run，MyConstructorCallbackHandler 只会在 chain 相关的事件中触发，所以输出如下：

```
构造器回调：链开始运行
构造器回调：链结束运行
```

8.2.2　请求回调

在 LangChain 中，一个请求可能触发一系列的子请求。例如，在 LLMChain 的 run 方法中使用请求回调时，这个回调不仅适用于外层的 LLMChain 调用，也适用于由此触发的所有内部模型调用：

```python
llm = ChatOpenAI(model="gpt-3.5-turbo", temperature=0)
prompt = PromptTemplate.from_template(" 给生产 {product} 的公司取一个名字 ")

class MyRequestCallbackHandler(BaseCallbackHandler):
    def on_chain_start(self, serialized, prompts, **kwargs):
        print(" 请求回调：链开始运行 ")

    def on_chain_end(self, response, **kwargs):
        print(" 请求回调：链结束运行 ")

    def on_llm_start(self, serialized, prompts, **kwargs):
        print(" 请求回调：模型开始运行 ")

    def on_llm_end(self, response, **kwargs):
        print(" 请求回调：模型结束运行 ")

def request_test():
    handler = MyRequestCallbackHandler()
    # 初始化 LLMChain，不在构造器中传递回调处理器
    chain = LLMChain(llm=llm, prompt=prompt)
    # 在请求中使用回调处理器
    chain.run(" 杯子 ", callbacks=[handler])
```

在这个例子中，当调用 chain.run 时，MyRequestCallbackHandler 不仅在 LLMChain 开始和结束运行时触发，还在内部 OpenAI 模型开始和结束运行时触发，回调处理器被用于整个请求链，包括所有由 LLMChain 触发的子请求，所以输出如下：

```
请求回调：链开始运行
请求回调：模型开始运行
请求回调：模型结束运行
请求回调：链结束运行
```

了解完回调的调用方式，下一节着手实现自己的回调功能。

8.3　实现可观测性插件

借助回调机制，可以对 LLM 应用的运行时信息进行监控，同时记录日志，实现一个简单的可观测性插件。

OpenTelemetry 是一个用于观测分布式系统的开源项目，它提供了一套工具和 API 来收集和传输遥测数据（如度量、日志和追踪信息），这些数据可以用于监控应用的性能和健康状况，以及进行故障诊断。OpenTelemetry 支持多种编程语言和框架，并可以与各种监控工具集成，如 Grafana。下面基于 LangChain 的回调接口实现监控，并按照 OpenTelemetry 协议标准采集数据。

(1) **创建自定义回调处理器**：创建一个自定义的回调处理器，用于在 LLM 调用、检索器运行和工具运行过程中收集数据。

(2) **集成 OpenTelemetry**：在自定义回调处理器中集成 OpenTelemetry 的 API，以便在回调方法中收集和发送遥测数据。

(3) **采集指标**：确定需要采集的指标，如调用持续时间、成功 / 失败次数、响应时间等。

下面是完整的示例代码：

```python
# 设置 OpenTelemetry Tracer
trace.set_tracer_provider(TracerProvider(resource=Resource.create({SERVICE_NAME:
"LangChainService"})))
tracer = trace.get_tracer(__name__)
otlp_exporter = OTLPSpanExporter()
trace.get_tracer_provider().add_span_processor(BatchSpanProcessor(otlp_exporter))

# 设置 OpenTelemetry Meter
meter_provider = MeterProvider(resource=Resource.create({SERVICE_NAME: "LangChainService"}))
meter = meter_provider.get_meter("langchain_metrics", version="0.1")
metric_reader = PeriodicExportingMetricReader(ConsoleMetricExporter())

# 创建度量
requests_counter = meter.create_counter(
    name="requests",
    description="Number of requests.",
    unit="1",
)
requests_duration = meter.create_histogram(
    name="requests_duration",
    description="Duration of requests.",
    unit="ms",
)

# 自定义回调处理器
class MonitoringCallbackHandler(BaseCallbackHandler):
    def on_chain_start(self, serialized, prompts, **kwargs):
        self.llm_span = tracer.start_span("Chain Call")
        self.llm_start_time = time.time()
```

```python
    def on_chain_end(self, response, **kwargs):
        self.llm_span.end()
        duration = (time.time() - self.llm_start_time) * 1000  # 转换为毫秒
        requests_duration.record(duration, {"operation": "chain"})
        requests_counter.add(1, {"operation": "chain", "status": "success"})

    def on_llm_start(self, serialized, prompts, **kwargs):
        self.retriever_span = tracer.start_span("LLM Call")
        self.retriever_start_time = time.time()

    def on_llm_end(self, response, **kwargs):
        self.retriever_span.end()
        duration = (time.time() - self.retriever_start_time) * 1000  # 转换为毫秒
        requests_duration.record(duration, {"operation": "llm"})
        requests_counter.add(1, {"operation": "llm", "status": "success"})
```

然后在 OpenTelemetry Collector 观察收集的运行时信息，如图 8-1 所示。

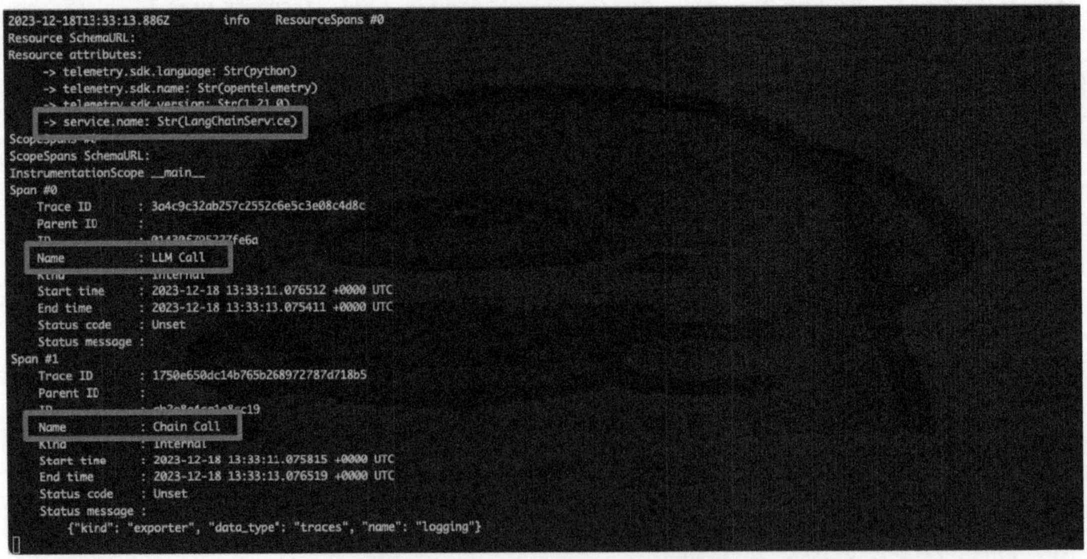

图 8-1　LangChain 运行时信息采集

这样就可以很方便地复用团队现有基础设施组件，把 LangChain 应用监控起来。

LangChain 的回调机制提供了一种灵活、高效的方式来构建和维护复杂的数据处理流程，尤其适用于需要高度自定义和跟踪用户交互的 LLM 应用场景。

## 第 9 章

构建多模态机器人

在前面的章节中，我们深入探讨了 LangChain 的核心概念。本章将带领大家通过实际的编码操作，逐步构建一个多模态智能机器人。在这个过程中，不仅充分利用 LangChain 的多个组件，还将展示这些组件是如何相互协作，共同实现强大的功能。

9.1　需求思考与设计

在软件开发中，需求思考和分析是至关重要的前期步骤。正如古语所言："凡事预则立，不预则废"，这强调了事先规划对于成功的重要性。在软件工程领域，这一点尤为重要，因为只有通过深入的需求分析，才能确保最终产品不仅满足用户的需求和期望，而且能够高效、可靠地运行。

9.1.1　需求分析

理想的多模态智能机器人应该具备类似于人类的感知能力，包括：听（通过语音识别技术理解用户的语音指令）、说（将文本转换为语音，与用户进行自然对话）、看（利用图像识别技术解析视觉信息）、画（生成图像，如根据描述创建图像）。此外，这样的机器人能够识别用户的意图，并选择最合适的功能来响应。它还能处理文件，根据内容与用户交流，并提供日程管理、网络搜索和任务规划等实用功能，帮助用户解决日常问题。最重要的是，机器人能够在多轮对话中保持记忆，确保对话的连贯性和清晰性，避免随着对话的深入而变得混乱。

9.1.2　应用设计

考虑到飞书、钉钉和企业微信等通信工具需要企业资质认证才能申请特殊的 API 权限，我们这里选择 Slack 作为应用平台。

注：Slack 是一款面向办公场景的通信工具，主要用于团队间的协作和沟通，其主要特点如下。

- ☐ **创建频道**：创建不同的频道，用于讨论各种话题或项目。
- ☐ **私信与群聊**：支持私下对话和小组聊天。
- ☐ **第三方集成**：可以集成多种应用和服务，如 Trello、GitHub 等，方便在一个平台上管理工作流。
- ☐ **自定义机器人**：支持用户自定义机器人，用于自动化部分工作任务。

我们将利用 Slack 的自定义机器人功能，以其聊天窗口作为用户界面，并使用 Flask 作为后端处理 Slack 事件。智能机器人的核心将采用 LangChain 的智能代理组件进行封装，这样它就可以根据用户的请求自动选择不同的工具进行处理。此外，智能机器人还能独立处理文档问答和文章推送等任务（如图 9-1 所示）。

注：Flask 是一个用 Python 编写的轻量级 Web 应用框架，简单易用，适合快速构建基本的 Web 应用。同时，它具备足够的灵活性，支持复杂应用的开发。

图 9-1　应用交互流程

Slack 事件和 Webhook 机制是应用中前后端通信的关键组成部分，我们需要简要了解它们的基本概念和用途。

1. Slack 事件

事件 API 允许应用接收特定事件的实时通知，比如某人发送消息、加入频道或做出反应等。要使用此功能，需要在 Slack 应用设置中订阅特定事件。

工作流程

- ☐ 订阅事件：在 Slack 应用配置中指定需要监听的事件。
- ☐ 设置事件接收服务器：当事件发生时，Slack 会向指定的 URL 发送 HTTP POST 请求。

❑ **验证请求**：通过签名验证机制确保请求的安全性。

❑ **处理事件**：在服务器上接收事件并做出响应。

2. Webhook 机制

❑ **入站 Webhook**：允许外部源通过 HTTP POST 请求向指定的 Slack 频道或用户发送消息。

❑ **出站 Webhook**：当 Slack 中出现特定触发词或短语时，Slack 会向指定的 URL 发送数据，可用于触发外部服务的动作。

❑ **设置 Webhook URL**：在 Slack 应用配置中获取（入站）或设置（出站）Webhook URL。

下面我们快速在 Slack 上创建一个应用，并配置相应的功能。

9.1.3　Slack 应用配置

首先，访问 api.slack.com/apps，开始创建第一个 Slack 应用，如图 9-2 所示。

图 9-2　创建应用

然后，设置应用名称，选择工作区（工作区可以视为一个独立的沟通和协作空间，通常代表一个组织、公司或团队），点击"创建应用程序"即可，如图 9-3 所示。

图9-3 应用配置

接下来，为应用开通一些必要的特性和功能（如图9-4所示），这些在后面实现机器人的特定能力时会用到。

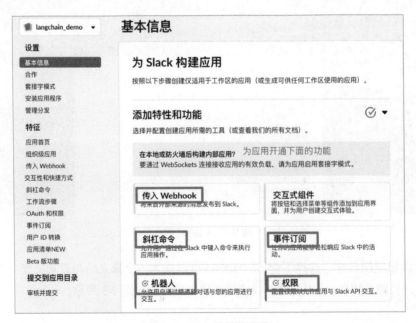

图9-4 添加特性和功能

重点是启用事件订阅，其中请求网址即响应 Slack 事件的后端服务 URL（如图 9-5 所示），例如 https://{host}:5000/webhook/events，这里的 host 指的是运行服务的服务器地址。

图 9-5　启用事件订阅

最后，订阅机器人事件，允许 Slack 机器人监听并响应特定的事件或活动，如图 9-6 所示。

图 9-6　订阅机器人事件

还有两个关键步骤：一是获取工作区 OAuth 令牌 SLACK_TOKEN（如图 9-7 所示），用于授权我们的应用访问特定 Slack 工作区的数据和功能；二是获取应用的签名密钥 SLACK_SIGNING_SECRET（如图 9-8 所示），用于验证 Slack 发出的请求的真实性，以防中间人攻击。

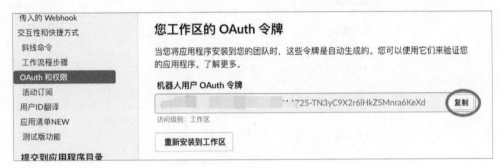

图 9-7　保存工作区 OAuth 令牌

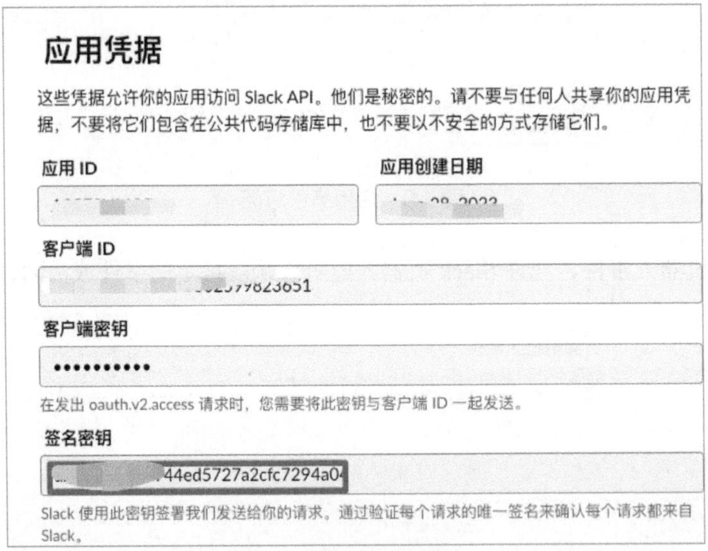

图 9-8　保存应用签名密钥

完成上述配置后，我们的 Slack 应用就准备就绪了。接下来，我们将进入编码实践阶段。

9.2　利用 LangChain 开发应用

本节将深入讲解如何利用 LangChain 实现前文提及的应用功能。

9.2.1　构建 Slack 事件接口

使用 Flask 和 Slack Bolt 库构建一个能够响应 Slack 事件的后端接口。通过 SlackRequestHandler 转换 Slack 的请求，使其适应 Flask 的处理模式，并创建一个 App 实例来配置 OAuth 令牌和签名密钥。此外，我们还将设置特定事件的处理逻辑和错误处理逻辑。

```python
def main():
    app = Flask(__name__)  # 初始化 Flask 应用实例

    slack_app = init_slack_app()  # 初始化 Slack 应用

    slack_handler = SlackRequestHandler(slack_app)  # 创建 Slack 请求处理器

    @app.route("/webhook/events", methods=["POST"])  # 设置路由以处理 Slack 事件
    def slack_events():
        return slack_handler.handle(request)  # 用 Slack 请求处理器处理请求

def init_slack_app() -> App:
    """ 初始化并配置 Slack 机器人应用 """
    # 创建 App 实例，配置 token 和 signing_secret
    slack_app = App(
        token=os.environ.get("SLACK_TOKEN"),  # Slack 的 OAuth 令牌
        signing_secret=os.environ.get("SLACK_SIGNING_SECRET"),  # Slack 的签名密钥
        raise_error_for_unhandled_request=True  # 对未处理的请求抛出异常
    )
    # 设置错误处理逻辑
    @slack_app.error
    def handle_errors(error):
        if isinstance(error, BoltUnhandledRequestError):  # 处理未处理的请求错误
            return BoltResponse(status=200, body="")
        else:
            return BoltResponse(status=500, body=" 出现错误！ ")  # 其他错误处理

    slack_api_handler = SlackAPIHandler(slack_app.client)  # 创建 Slack API 事件处理器

    # 设置消息事件处理逻辑
    @slack_app.event("message")
    def handle_message(event, say, logger):
        slack_api_handler.process_event(event, say, logger)  # 处理接收到的消息事件

    return slack_app  # 返回配置好的 Slack 应用实例
```

至此，我们的机器人已具备与 Slack 通信的能力。

9.2.2 消息处理框架

下面详细探讨 Slack 消息的处理逻辑，主要包括消息上下文管理、文件上传处理、文件下载以及对话处理等关键部分。

1. 消息上下文管理

首先，我们定义了一个 SlackContext 类来保存处理消息时所需的上下文信息，如事件数据、用户信息和线程时间戳：

```python
class SlackContext:
    def __init__(self, event: dict, say, user: str, thread_ts: str):
        self.event = event
        self.say = say
        self.user = user
        self.thread_ts = thread_ts
```

2. SlackAPIHandler 类

SlackAPIHandler 类作为程序的核心，初始化时接收 Slack 应用实例并设置基本属性。它将执行文件类型检查、文件大小限制等功能：

```python
class SlackAPIHandler:
    def __init__(self, slack_app):
        self.client = slack_app.client
        self.voice_extension_allowed = ['m4a', 'webm', 'mp3', 'wav']
        self.max_file_size = 10 * 1024 * 1024  # 文件大小限制
        # ...其他代码...
```

3. 事件处理

process_event 方法作为处理 Slack 消息事件的入口。它创建 SlackContext 实例来保存消息上下文，并处理文件上传及对话：

```python
def process_event(self, event: dict, say, logger) -> None:
    user = event["user"]
    thread_ts = event["ts"]
    context = SlackContext(event, say, user, thread_ts)
    self.handle_file_upload(context)  # 处理文件上传
    print(f"收到的消息: {event['text']}")
    # ...处理文件上传和上下文创建
```

4. 文件上传处理

在 handle_file_upload 方法中检查文件类型和大小，确保它们符合预设的标准：

```python
def handle_file_upload(self, context: SlackContext) -> Tuple[Optional[str], Optional[str]]:
    file = context.event['files'][0]
    filetype = file["filetype"]
    say = context.say
    user = context.user
    thread_ts = context.thread_ts

    if filetype != "pdf":
        say(f"<@{user}>，当前只支持 PDF 文件格式 ", thread_ts=thread_ts)

    if file["size"] > self.max_file_size:
        say(f"<@{user}>，文件大小超出限制 ({self.max_file_size / 1024 / 1024}MB)",
            thread_ts=thread_ts)
```

5. 文件下载

download_file 方法用于下载文件并保存至服务器。我们使用 generate_md5_name 方法根据文件内容生成唯一的 MD5 名称，避免重复下载：

```python
def download_file(self, file: dict, user: str) -> Optional[str]:
    url_private = file["url_private"]
    temp_file_path = index_cache_dir / user
    temp_file_path.mkdir(parents=True, exist_ok=True)
    temp_file_filename = temp_file_path / file["name"]
    # 执行下载
    with open(temp_file_filename, "wb") as f:
        response = requests.get(url_private,
                                headers={"Authorization": "Bearer " + self.client.token})
        f.write(response.content)
    # 生成 MD5 名称
    filetype = file["filetype"]
    file_md5_name = self.generate_md5_name(temp_file_filename, filetype)
    return file_md5_name
```

6. 对话处理

在 process_conversation 方法中，我们将直接调用代理引擎接口，根据代理的响应决定是否附加图片或语音消息：

```python
def process_conversation(self, context: SlackContext, dialog_text: Optional[str]) -> None:
    response, file_path = langchain_agent(context.user, dialog_text)
    if response:
        context.say(f"<@{context.user}>, {response}", thread_ts=context.thread_ts)
    if file_path:
        self.client.files_upload_v2(file=file_path, channel=context.event["channel"],
                                    thread_ts=context.thread_ts)
```

通过以上步骤，我们搭建好了一个能处理 Slack 消息并进行基本对话的机器人框架。接下来的核心任务是**实现多模态代理**。

9.2.3　实现多模态代理

对话机器人需要能够处理各种常见的消息类型，如文本、语音、图片等。本节将重点介绍多模态代理的实现。

- □ **文本消息**：直接利用 LangChain 封装的聊天模型来生成回应。
- □ **语音消息**：首先将语音转换为文本，然后根据需求决定是否需要用语音回复，若需要则调用语音生成工具。
- □ **图片消息**：识别用户意图，根据需要决定是否生成相应的图片，若需要则调用图片生成工具。
- □ **文件消息**：使用 RAG 技术对 PDF 文件进行预处理，根据用户意图自动检索相关内容并回答。

此外，代理还提供联网搜索功能，以应对超出模型知识范围的用户问题。

1. 代理声明

代理执行器的核心职责是解析用户输入，调用适当的工具并生成合适的响应。我们首先定义几个辅助工具：搜索工具、图像生成工具和语音生成工具。聊天模型选用 OpenAI 的 GPT-3.5 Turbo，并将温度参数设置为 0，以获得更准确的回答：

```python
llm = ChatOpenAI(model="gpt-3.5-turbo", temperature=0)
tools = [SearchTool(), GenerateImageTool(), GenerateVoiceTool()]
```

接着，设定对话模板，定义代理在对话中的行为模式：

```
prefix = " 请与人类进行对话,并尽可能地回答问题。你可以使用以下工具: "
suffix = " 开始! \n{chat_history}\n 问题: {input}\n{agent_scratchpad}"
prompt = ZeroShotAgent.create_prompt(
    tools,
    prefix=prefix,
    suffix=suffix,
    input_variables=["input", "chat_history", "agent_scratchpad"],
)
```

在此模板中,prefix 和 suffix 定义了代理的对话起始和结束部分,特别是 {chat_history} 的位置,表明代理会考虑之前的对话以生成回答。

有了模型和模板后,我们创建 LLMChain 并基于此构建代理:

```
llm_chain = LLMChain(llm=llm, prompt=prompt)
agent = ZeroShotAgent(llm_chain=llm_chain, tools=tools, verbose=True)
```

2. 代理执行器

我们创建一个代理执行器来处理用户的查询。这个执行器能够访问用户的历史消息,并根据当前对话上下文生成回应:

```
def langchain_agent(user, query):
    message_history = FileChatMessageHistory(file_cache_dir/user)
    memory = ConversationBufferMemory(memory_key="chat_history", chat_memory=message_history)
    agent_chain = AgentExecutor.from_agent_and_tools(
        agent=agent, tools=tools, verbose=True, memory=memory
    )
    return agent_chain.run(query)
```

3. LangChain 工具类

下面定义几个 LangChain 工具类,它们是执行特定任务的基础,每个类都具有特定的输入和输出,以及执行特定任务的能力。

生成图像工具:用于根据描述生成图像的工具。

```
# 工具描述
DESCRIPTION = """
当需要生成图像时使用。
输入:描述图像的详细提示词
```

```
输出：生成的图像文件路径
"""
class GenerateImageTool(BaseTool):
    name = "GenerateImage"
    description = DESCRIPTION
    def _run(self, description: str) -> Path:
        # 图像生成逻辑
```

搜索工具：用于执行搜索查询的工具，特别是当用户提出关于最近的新闻的问题时使用。

```
# 工具描述
DESCRIPTION = """
用于回答有关最近的新闻的问题，仅在用户明确请求时使用。
输入：查询内容
输出：搜索结果
"""
class SearchTool(BaseTool):
    name = "Search"
    description = DESCRIPTION
    def _run(self, query: str) -> str:
        # 搜索逻辑
```

生成语音工具：用于根据文本生成语音的工具。

```
DESCRIPTION = """
用于根据文本生成语音，仅在用户明确请求语音输出时使用
输入：文本内容
输出：生成的语音文件路径
"""
class GenerateVoiceTool(BaseTool):
    name = "GenerateVoice"
    description = DESCRIPTION
    def _run(self, text: str) -> Path:
        # 语音生成逻辑
```

这里文字转语音借助 SSML 效果更好。SSML 是一种基于 XML 的语音合成标记语言，与纯文本的合成相比，它能够极大地丰富合成内容，使最终的合成效果更具多样性。SSML 的功能不仅限于控制语音合成的内容，它还能精细调控朗读方式，包括但不限于断句、发音、语速、停顿、语调、音量等多种语音特性，甚至允许添加背景音乐，从而实现更为生动、多维的语音输出效果。

```python
def convert_to_ssml(self, text: str, voice_name: Optional[str] = None) -> str:
    # 检测文本的语言
    lang_code = self.detect_language(text)
    # 如果没有指定语音名称，则根据语言代码随机选择一个声音
    # lang_code_voice_map 是一个字典，将语言代码映射到相应的语音名称列表
    voice_name = voice_name or random.choice(
        lang_code_voice_map.get(lang_code, lang_code_voice_map['zh']))
    # 构建 SSML 的基本结构，设置版本和命名空间，指定语言代码
    ssml = f'<speak version="1.0" xmlns="http://www.w3.org/2001/10/synthesis" xml:lang="zh-CN">'
    # 在 SSML 中加入 voice 标签，设置语音名称并嵌入待转换的文本
    ssml += f'<voice name="{voice_name}">{text}</voice>'
    # 结束 speak 标签
    ssml += '</speak>'
    # 返回构建的 SSML 字符串
    return ssml
```

小结

代理首先检查消息历史以获取对话的上下文，然后评估用户的请求，并决定使用哪些工具来生成回应。例如，用户请求生成图像，代理会调用图像生成工具；用户想了解最近的新闻，代理可能会利用搜索工具。通过综合考虑用户的历史交互和当前的具体需求，智能代理能够生成更加个性化、符合用户意图的回答。

9.3 应用监控和调优

尽管开发大模型应用充满挑战，但开发阶段的完成只是项目的开始。我们即将进入一个关键阶段——上线监控和调优。在这个阶段，我们的目标是不断提升模型的回答质量，优化应用的输出效果。这是一个长期且持续的过程，需要不断地进行调整和优化，以确保应用能够持续满足用户需求并保持最佳性能。

9.3.1 应用监控

在生产环境中部署 LangChain 应用时，一系列的调试工具和平台能够帮助我们有效地识别和解决问题，确保应用的稳定运行。首先，可以使用具备跟踪功能的平台，如 LangSmith 和WandB，这些平台专为生产级别的大模型应用设计，能够帮助我们更好地实施监控和优化性能。

其次，在原型设计阶段，打印链运行的中间步骤对调试非常有帮助，可以通过启用不同级别的日志记录来查看详细信息。例如，通过 set_debug(True) 设置全局调试标志，可以让 LangChain 的所有支持组件（如链、模型、代理、工具、检索器）打印它们接收的完整原始输入和输出；而使用 set_verbose(True) 则可以以更易读的格式打印输入和输出。最后，利用回调进行调试也是一种有效的方法，回调可以用于执行组件主逻辑之外的任何功能。借助 LangChain 提供的与调试相关的回调组件（如 FileCallbackHandler），甚至可以实现自定义的回调组件来执行特定的功能。

这些工具和平台共同为 LangChain 应用的稳定运行提供了强有力的支持。

9.3.2　模型效果评估

模型效果评估是指系统地检查和分析语言模型的输出或行为，以确定其性能水平。这通常包括考量准确性、一致性、可靠性和响应时间等方面。在更复杂的应用场景中，例如使用 LangChain 构建的智能代理，评估过程还可能涉及对整个决策过程或行为轨迹的分析，以确保它们符合预期目标。

对于大模型的评估，主要包括几个步骤：首先，创建一组包含问题和标准答案的相关问答测试集；其次，让大模型回答测试集中的所有问题，并收集它给出的所有答案；然后，将这些答案与问答测试集中的标准答案进行比对，并对大模型的表现进行评分。为了简化这一过程，LangChain 提供了一种名为 QAGenerateChain 的方法，可以自动创建大量问答测试集，大大减少手动创建测试数据集的人力和时间成本。

此外，LangChain 还提供了多种评估器来帮助衡量大模型在不同数据上的性能和回答的完整性。其中包括字符串评估器（string evaluator），它通过将大模型生成的输出（预测）与参考字符串或输入进行比较来评估性能；轨迹评估器（trajectory evaluator），用于评估代理行为的整个决策轨迹；以及比较评估器（comparison evaluator），用于比较同一输入在不同运行中的预测结果。

9.3.3　模型备选服务

当接入的大模型出现调用失败时，仅仅重复使用相同的提示词并不总是有效的。这时，可能需要采用不同的提示模板，发送经过改动的提示词，这正是模型备选方案发挥作用的时候。

备选方案的设计旨在应对主模型无法正常工作的情况,比如 API 受限或系统宕机,此时系统会自动切换到备选模型,以确保应用的连续运行和稳定性。LangChain 的容错机制就允许开发者为可能出现的运行时错误或限制预设备选方案,从而大幅提升应用的健壮性和可靠性。

9.3.4 模型内容安全

内容安全是确保大模型的输出不含有害、误导性或不符合人类价值观的信息的关键。为了提高大模型输出的安全性,可以采取以下措施:首先,利用亚马逊的 Comprehend 服务来检测个人可识别信息(PII)和有害内容;其次,通过制定规则来引导模型的行为,确保其输出与这些规则相符。此外,需要检测并应对提示注入攻击,以防止恶意输入干扰模型输出。还应检查模型输出中的逻辑错误并进行纠正。最后,对模型的输出进行有害内容检查,并做出相应标记。这些措施共同构成了一套全面的安全保护机制,确保大模型输出的质量和安全性。

9.3.5 应用部署

在部署大模型应用时,有几个关键方面需要特别注意。(1) 需要选择合适的大模型服务,可以使用外部大模型服务提供商,也可以基于开源模型自建推理服务。(2) 监控是至关重要的,需要跟踪性能和质量指标,例如每秒查询数、响应延迟、每秒生成的令牌数等。(3) 构建容错性也很重要,可以通过增加冗余、实施故障恢复机制来降低风险。(4) 维持成本效率和可扩展性也是重要考虑,可以通过资源管理和自动扩展等策略来实现。(5) 确保快速迭代也很关键,避免局限于特定框架的解决方案,而应寻求通用、可扩展的服务层,以适应不断变化的需求。

尽管本章仅提供了一个简单的 LangChain 实践示例,但它涵盖了大模型应用开发生态中的多个重要方面。这个领域正处于快速发展阶段,充满了探索和创新的潜力。

第 10 章

社区和资源

LangChain 框架在不断改进，本书的内容有一天也会过时，所以本章集中整理了一些社区资源，便于读者朋友持续关注 LangChain 的最新进展。

10.1　LangChain 社区介绍

我们的 LangChain 学习之旅已接近尾声，接下来将进入 LLM 应用开发的广阔天地。为了帮助大家继续深入探索，本节将介绍 LangChain 社区相关的内容。

10.1.1　官方博客

LangChain 官方博客是学习的宝库，其主要内容包括：

- LangChain 项目的最新动态，如版本更新和新特性介绍；
- LangChain 开发团队发布的高质量技术文章，涵盖智能代理设计、检索增强生成等话题；
- 利用 LangChain 构建生产级 LLM 应用的案例分享。

该博客支持 RSS 和邮件订阅，方便我们持续关注。

10.1.2　项目代码与文档

- Python 版 LangChain 的代码仓库是使用最广泛的。其官方文档提供了详细的快速入门指南、案例介绍和核心模块讲解。
- JavaScript 版本的 LangChain 也在积极发展，代码仓库和文档也值得关注。
- 擅长 Java 语言的读者可查看非官方项目 langchain4j。

10.1.3　社区贡献

LangChain 社区欢迎各种形式的贡献。

- ❑ **完善文档**：如果在学习过程中发现文档中的不清晰或不完整之处，可以协助完善。文档位于项目的 docs 目录下，包括使用说明和代码文档。
- ❑ **反馈和修复问题**：使用中遇到的问题可以在 GitHub 问题讨论区 反馈。所有问题都按类型（auto 标签）和模块（area 标签）分类，如图 10-1 所示，方便查找和处理。

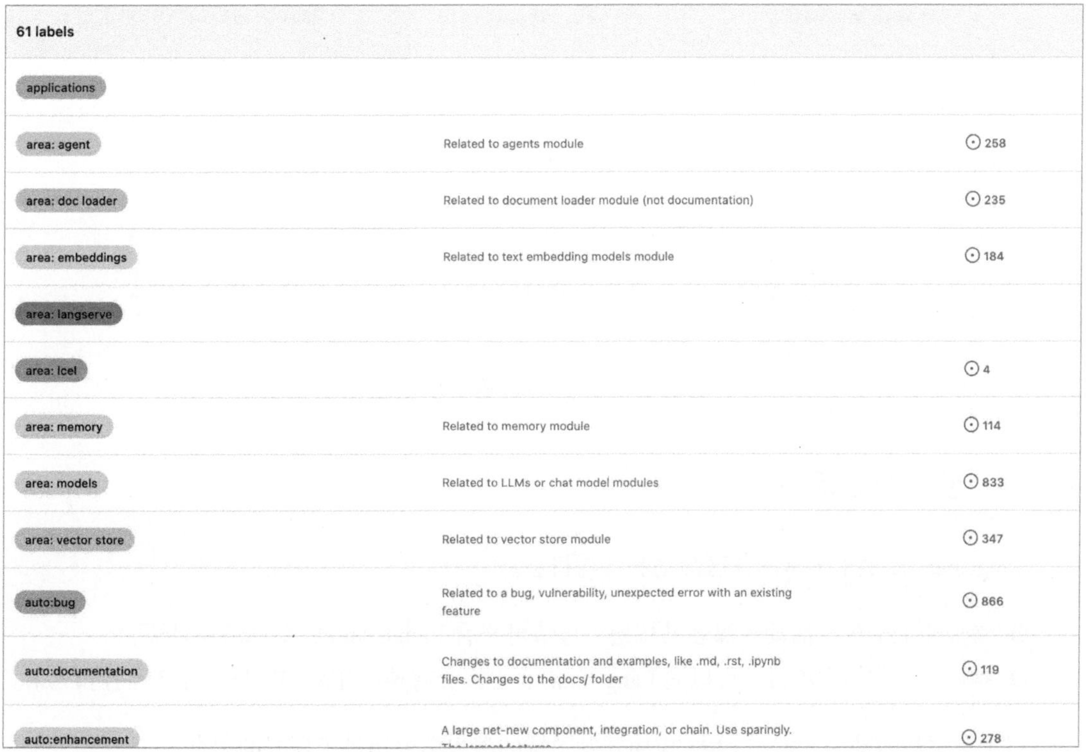

61 labels		
applications		
area: agent	Related to agents module	⊙ 258
area: doc loader	Related to document loader module (not documentation)	⊙ 235
area: embeddings	Related to text embedding models module	⊙ 184
area: langserve		
area: lcel		⊙ 4
area: memory	Related to memory module	⊙ 114
area: models	Related to LLMs or chat model modules	⊙ 833
area: vector store	Related to vector store module	⊙ 347
auto:bug	Related to a bug, vulnerability, unexpected error with an existing feature	⊙ 866
auto:documentation	Changes to documentation and examples, like .md, .rst, .ipynb files. Changes to the docs/ folder	⊙ 119
auto:enhancement	A large net-new component, integration, or chain. Use sparingly.	⊙ 278

图 10-1　LangChain 问题分类标签

- ❑ **贡献代码**：LangChain 是一个开源项目，鼓励开发者贡献代码。详细的贡献流程和规范可以在 LangChain 官方文档 中找到。
- ❑ **贡献集成**：LangChain 支持通过第三方集成扩展功能。可在 LangChain 集成中心查看现有集成，如图 10-2 所示，并通过贡献自己的集成来扩展 LangChain 的功能。

❑ **报告安全漏洞**：发现安全漏洞时，可以发送邮件至 security@langchain.dev 进行报告。

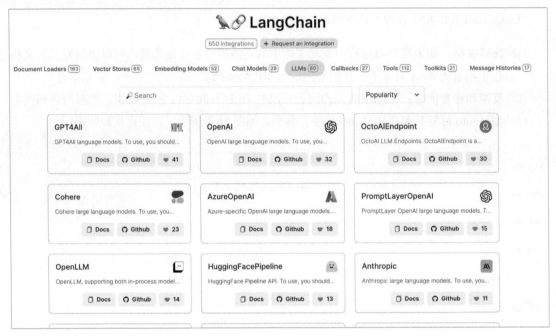

图 10-2　LangChain 第三方集成

10.1.4　参与社区活动

LangChain 提供了丰富的社区活动和参与机会。

❑ 参加线上会议、活动和黑客马拉松。详情可查看 LangChain 的全球活动日历。
❑ 推广个人作品和项目。可以向 LangChain 官方提交有趣的作品和项目，分享经验和成果。

以上资源和活动为大家在 LLM 应用开发领域的深入学习提供了良好的起点。

10.2　资源和工具推荐

在探索 LangChain 应用开发时，除了 LangChain 核心知识外，还有一些额外的资源和工具可以帮助开发者更高效地构建和优化应用。本节将介绍 LangChain 的模板、LangServe 以及 LangSmith。

10.2.1 模板

用途

LangChain 模板提供了一系列预定义的框架和代码示例，使开发者能够迅速启动并实现复杂功能，而无须从零开始。这些模板覆盖了多种用途和功能。

- **高级检索**：涵盖了高级技术，适用于聊天和问答。例如，文档重排、使用迭代提示词进行检索，以及使用 Neo4j 或 MongoDB 进行父文档检索。
- **开源模型**：使用开源模型，适合处理敏感数据，如本地检索增强生成和本地数据库问答。
- **数据提取**：用于从文本中按用户指定的模式提取结构化数据，例如，使用 OpenAI 函数从 Excel 电子表格提取信息。
- **摘要和标记**：用于文档和文本的总结或分类，如使用 Anthropic 的 Claude 2 进行长文档摘要。
- **智能代理**：构建可执行操作的聊天机器人，以自动化任务。
- **安全评估**：用于审查或评估 LLM 输出，确保输出的安全性和准确性。

更多模板细节可查看 LangChain 模板文档。

使用过程

以 rag-conversation 模板为例，它是 LangChain 提供的对话检索模板之一，适用于大模型的流行应用场景。其核心功能是结合对话历史和检索到的文档，交由 LLM 进行综合处理。这种方式使聊天机器人在回答问题时更加智能且上下文相关，提供更准确和丰富的信息。

- **安装 LangChain CLI**

```
pip install -U langchain-cli
```

- **引入模板**

  基于模板创建一个新项目：

```
langchain app new my-app --package rag-conversation
```

  或者将模板添加到现有项目中：

```
langchain app add rag-conversation
```

● **在 server.py 文件中添加以下代码**

```
from rag_conversation import chain as rag_conversation_chain
add_routes(app, rag_conversation_chain, path="/rag-conversation")
```

● **启动应用实例**

```
langchain serve
```

● **访问和使用模板**

(1) 访问 http://127.0.0.1:8000/rag-conversation/playground 进入 playground
(2) 也可以通过代码访问模板：

```
from langserve.client import RemoteRunnable
runnable = RemoteRunnable("http://localhost:8000/rag-conversation")
```

通过以上步骤，你可以利用 rag-conversation 模板快速构建基于对话检索的应用，让你的聊天机器人更加智能地处理和回应用户的请求。

10.2.2　LangServe

其实我们在前面模板的例子中已经体验过 LangServe 了。LangServe 是一个帮助开发者将 LangChain 的可运行对象（Runnable）和链部署为 RESTful API 的库，它与 FastAPI（一个高性能、易用且现代的 Python Web 框架）集成，并使用 Pydantic（一个用于 Python 的数据验证和解析库）进行数据验证。LangServe 还提供了一个客户端，用于调用部署在服务器上的可运行对象，对于 JavaScript 用户，LangChainJS 也提供了客户端。

> **用途**
>
> ❑ **部署 LangChain 应用**：LangServe 使开发者能够将 LangChain 应用作为 REST API 部署，从而简化了应用的访问和集成。
> ❑ **自动化推断输入输出模式**：自动从 LangChain 对象推断输入和输出模式，并在每次 API 调用时强制执行，提供丰富的错误消息。
> ❑ **API 文档和 Swagger 支持**：提供 API 文档页面，支持 JSON Schema 和 Swagger。
> ❑ **高效的 API 调用**：支持直接调用（invoke）、批处理（batch）和流式（stream）等多种方式的 API 调用，支持在单个服务器上处理多个并发请求。

❏ **内置跟踪功能**：可选的跟踪功能，通过添加 API 密钥即可实现。

使用过程

● **安装**

安装 LangServe 客户端和服务器：

```
pip install "langserve[all]"
```

或分别安装客户端和服务器：

```
pip install "langserve[client]"
pip install "langserve[server]"
```

● **使用 LangChain CLI 快速启动项目**

确保安装了最新版本的 langchain-cli：

```
pip install -U langchain-cli
```

使用 CLI 创建新项目：

```
langchain app new langserve_demo
```

● **服务器示例**

下面是一个部署 OpenAI 聊天模型讲特定主题的笑话的服务器示例，在 langserve_demo/app/server.py 文件中编写以下代码：

```
from fastapi import FastAPI
from langchain.prompts import ChatPromptTemplate
from langchain.chat_models import ChatOpenAI
from langserve import add_routes

app = FastAPI(
  title="LangServe",
  version="0.1",
  description="A simple api server by langsercer",
)

add_routes(app, ChatOpenAI(), path="/openai")
```

```
model = ChatOpenAI()
prompt = ChatPromptTemplate.from_template("讲一个关于 {topic} 的笑话。")
add_routes(app, prompt | model, path="/joke")

if __name__ == "__main__":
  import uvicorn
  uvicorn.run(app, host="localhost", port=8000)
```

● **客户端示例**

使用 Python SDK 调用 LangServe 服务器：

```
from langchain.schema import SystemMessage, HumanMessage
from langchain.prompts import ChatPromptTemplate
from langchain.schema.runnable import RunnableMap
from langserve import RemoteRunnable

openai = RemoteRunnable("http://localhost:8000/openai/")
joke_chain = RemoteRunnable("http://localhost:8000/joke/")
joke_chain.invoke({"topic": "股市"})
```

通过 LangServe，开发者可以将 LangChain 应用作为 API 服务部署，从而在各种开发环境中轻松访问和集成 LangChain 功能。

10.2.3　LangSmith

用途

LangSmith 是一个为 LLM 应用和代理提供调试、测试和监控功能的统一平台，旨在帮助开发者在将 LLM 应用推向生产环境中时进行必要的定制和迭代，以保证产品质量。LangSmith 在以下场景中特别有用。

❑ 快速调试新的链、代理或工具集。
❑ 可视化组件（如链、LLM、检索器等）之间的关系及其使用方式。
❑ 评估单个组件使用不同提示词和大模型的效果。
❑ 在数据集上多次运行特定链，以确保其始终满足质量标准。

> 使用过程

● **创建 LangSmith 账户并生成 API 密钥**

在 LangSmith 平台创建账户并生成 API 密钥（截至本书完稿时，LangSmith 还处于封闭测试阶段，可以在注册页面进行申请）。

● **配置环境变量**

设置 `LANGCHAIN_TRACING_V2` 环境变量为 `true`，以告知 LangChain 记录追踪信息。

设置 `LANGCHAIN_PROJECT` 环境变量指定项目（如果未设置，记录到默认项目）。

● **创建 LangSmith 客户端**

使用 LangSmith 的 Python 客户端与 API 交互：

```
from langsmith import Client
client = Client()
```

● **创建并运行 LangChain 代理**

创建一个 ReAct 风格的代理，配置数学计算工具（如 llm-math），并将运行结果记录到 LangSmith 平台：

```
inputs = ["1+1 等于几？", "3+3 等于几？"]
# 创建代理
llm = ChatOpenAI(model="gpt-3.5-turbo", temperature=0)
tools = load_tools(["llm-math"], llm=llm)
agent = initialize_agent(tools, llm, agent=AgentType.ZERO_SHOT_REACT_DESCRIPTION,
                         handle_parsing_errors=True)
# 运行代理并记录结果
results = agent.batch([{"input": x} for x in inputs], return_exceptions=True)
print(results)
```

● **查看代理运行信息**

```
# 打印代理运行信息
project_name = f"runnable-agent-test-{unique_id}"
runs = client.list_runs(project_name=project_name)
for run in runs:
    print(run)
```

也可以登录 LangSmith 平台查看执行时间、延迟、令牌消耗等信息，如图 10-3 所示。

图 10-3　LangSmith 平台运行信息

● 评估代理

使用 LangSmith 创建基准数据集，并运行 AI 辅助评估器对代理的输出进行评估：

```python
# 创建基准数据集
client = Client()
outputs = ["2", "6"]
dataset_name = f"agent-qa-{unique_id}"
dataset = client.create_dataset(dataset_name, description="agent 测试数据集 ")

for query, answer in zip(inputs, outputs):
    client.create_example(inputs={"input": query}, outputs={"output": answer},
                          dataset_id=dataset.id)

# 使用 LangSmith 评估代理
evaluation_results = client.run_on_dataset(dataset_name, agent)
print(evaluation_results)
```

● **导出数据集和运行结果**

LangSmith 允许将数据导出为常见格式（如 CSV 或 JSON），以便进一步分析，如图 10-4 所示。

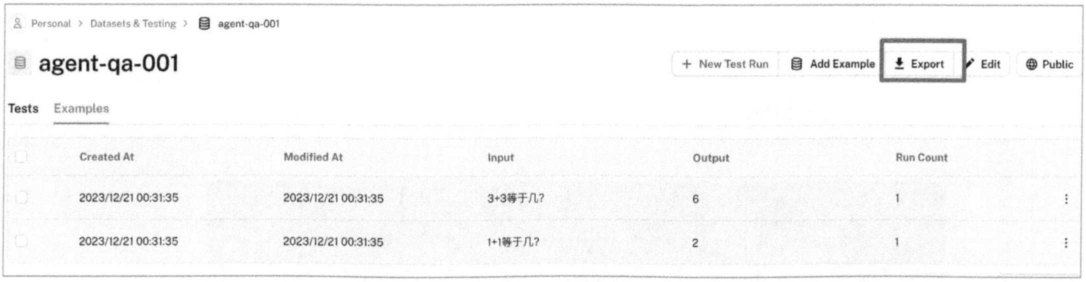

图 10-4　LangSmith 导出数据集入口

LangSmith 通过以上步骤来跟踪、评估并改进 LangChain 应用。

10.2.4　教程用例

在官方文档 docs/additional_resources/tutorials 页面可以找到关于 LangChain 的基础教程和进阶课程。

在官方文档使用案例（docs/use_cases）页面可以查看有关 LangChain 常见用例的实现细节。

10.3　LangChain 的未来展望

LangChain 已经发展为一个覆盖大模型应用全生命周期的完整生态系统。在开发阶段，开发者可以利用 LangChain 编写应用，并参考现有的模板快速验证其效果。在部署阶段，LangServe 工具可以将应用转化为 API 服务，便于集成和扩展。而在生产阶段，LangSmith 提供了应用检查、调试和监控的功能，确保应用能够持续迭代和优化。通过这样的生态系统，LangChain 不仅简化了大模型应用的开发流程，还提高了应用的可维护性和可靠性，为开发者提供了强大的支持。图 10-5 展示了 LangChain 0.1 版本预发布时，其背后公司描绘的整个生态系统的全景图。

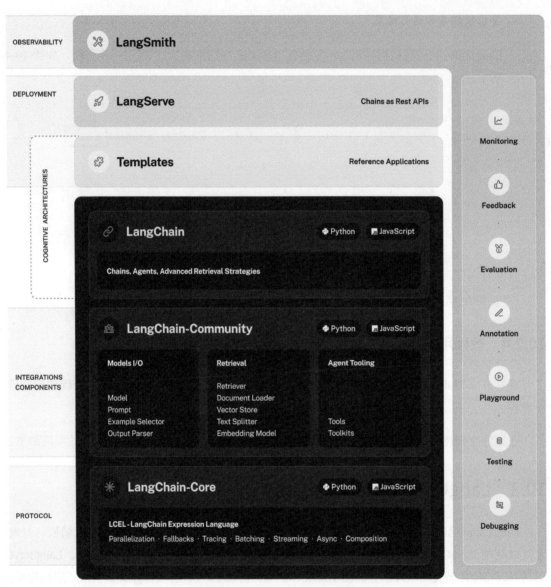

图 10-5 LangChain 生态全景图

10.3.1 生态系统概览

LangChain 生态系统主要包括以下几个方面。

- LangChain：包含用于特定用例的链、高级代理和检索算法，这些是构建应用的核心；构建大模型应用所需的通用组件和其他通用编排部分；核心抽象和 LCEL。
- LangChain 模板：提供快速构建大模型应用的模板，它可以通过 LangServe 轻松部署。
- LangServe：为部署 LangChain 应用提供最佳方式，是一个自动为 LangChain 对象添加多个 API 的开源 Python 库。
- LangSmith：作为大模型应用的控制中心，提供最佳调试体验，并记录链和代理运行的所有步骤。

10.3.2 变化与重构

LangChain 0.1 版本的主要变化是对包的架构进行了重构，将原来的 LangChain 包分成了三个独立的包，标志着从单一 Python 包向更模块化、可扩展框架的转变，旨在改善开发者的使用体验。

- LangChain-Core：包括简单且模块化的核心抽象，如语言模型、文档加载器、嵌入模型、向量存储、检索器等，还有用于组合各组件的 LCEL，作为可运行对象与 LangSmith 无缝集成。
- Langchain-Community：包含所有第三方集成，未来还会将一些与 LangChain 本身耦合严重，但实际上属于第三方集成的包（比如 `langchain-openai`）都分离到这个独立的包中，后续开发的第三方集成也会纳入这个模块。
- LangChain：包含链、代理、高级检索方法以及构成应用认知架构的其他通用编排部分。

所有这些更改均支持向后兼容，以帮助已有 LangChain 用户平滑过渡。

10.3.3 发展计划

LangChain 的未来发展计划涵盖以下几个方面。

- ❑ **生态系统强化**：通过各种变化促进 LLM 应用生态系统的发展，鼓励更多用例的探索和优化。
- ❑ **集成合作伙伴**：使合作伙伴能够更全面地管理他们的集成及相关框架。
- ❑ **版本发布计划**：将主要集成分离到 LangChain-Community 独立包中。
- ❑ **跨语言兼容性**：维持 Python 和 JavaScript 包间的功能一致性。
- ❑ **实验性工具与链**：langchain-experimental 将作为更多实验性工具、链和代理的存放模块。

LangChain 0.1 版本的发布代表了对框架的重大改进，这一更新旨在为开发者提供更稳定、可扩展且向后兼容的 API。这些变化不仅提升了开发者的体验，而且预示着 LangChain 生态系统的蓬勃发展。通过这些改进，LangChain 正不断增强其作为开发平台的能力，支持开发者更高效地构建和部署基于大模型的创新应用。